Dissertation

zur Erlangung des mathematisch-naturwissenschaftlichen Doktorgrades

"Doctor rerum naturalium"

der Georg-August-Universität Göttingen

Mausgenetische Analyse von Exportinen und Nukleoporinen

vorgelegt von

Diplom-Humanbiologin Katharina Paulsen

aus Wolmirstedt, DDR

Göttingen, 2010

Bibliografische Information der Deutschen Nationalbibliothek

Die Deutsche Nationalbibliothek verzeichnet diese Publikation in der Deutschen Nationalbibliografie; detaillierte bibliografische Daten sind im Internet über http://dnb.d-nb.de abrufbar.

1. Aufl. - Göttingen : Cuvillier, 2010

Zugl.: Göttingen, Univ., Diss., 2010

978-3-86955-567-6

Referenten (*Thesis Committee*):

Prof. Dr. Dirk Görlich
Zelluläre Logistik, MPI für biophysikalische Chemie

Prof. Dr. Ahmed Mansouri
Molekulare Zelldifferenzierung, MPI für biophysikalische Chemie

Prof. Dr. Matthias Dobbelstein
Molekulare Onkologie, Medizinische Fakultät der Universität Göttingen

Tag der Abgabe der Arbeit: 29. Oktober 2010
Tag der mündlichen Prüfung: 03. Dezember 2010

Nonnenstieg 8, 37075 Göttingen
Telefon: 0551-54724-0
Telefax: 0551-54724-21
www.cuvillier.de

1. Auflage, 2010
Gedruckt auf säurefreiem Papier

978-3-86955-567-6

Diese Arbeit wurde in der Zeit von November 2005 bis April 2007 am Zentrum für Molekulare Biologie Heidelberg (ZMBH) sowie von Mai 2007 bis Oktober 2010 am Max Planck Institut für biophysikalische Chemie (Göttingen) in der Arbeitsgruppe von Prof. Dr. Dirk Görlich erstellt.

Hiermit erkläre ich, dass ich die Arbeit „Mausgenetische Analyse von Exportinen und Nukleoporinen" selbständig verfasst und keine anderen als die darin angegebenen Hilfsmittel benutzt habe.

Göttingen, 29.10.2010 Katharina Paulsen

Because a protein can do something doesn't mean it does so.

Wendy A. Bickmore

Horizons in Molecular Biology, Göttingen, 2010

Danksagung

Ich möchte Prof. Dirk Görlich dafür danken, mir die Arbeit an einem so spannendem Thema ermöglicht und mich fortwährend motivierend und inspirierend betreut zu haben. Auch meinen Betreuern Prof. Ahmed Mansouri und Prof. Matthias Dobbelstein möchte ich für Ihre immer zur Verfügung stehende Hilfe und Beratung danken.

Der gesamten Abteilung „Zelluläre Logistik“ danke ich für die Möglichkeit, in äußerst angenehmer und kreativer Arbeitsatmosphäre arbeiten zu dürfen.

Für ehrlichen und auch so manchen privaten Ratschlag danke ich hier besonders Aksana Labokha und Danilo Deichsel.

Für die viele technische Hilfe im Labor möchte ich vor allem Jens Krull, Sharif Mahsur, Heinz-Jürgen Dehne und Kirsten Kiel danken.

Für besonders kritischen Umgang präsentierter Daten und effizienter, positiver Kritik danke ich Dr. Steffen Frey.

Dr. Ulrike Teichmann möchte ich für Ihre helfenden Hände sowie ihrer immer offenen Tür hinsichtlich aller tierexperimentellen Angelegenheiten danken.

Für die liebevolle und professionelle Betreuung meiner Labormäuse möchte ich dem Team des BTLs, insbesondere Christiane Heuchel und Alexandra Kurth, danken.

Doreen Stach und Roman Seibel danke ich für das Lesen dieser Arbeit.

Für das professionelle Design des Titelbildes möchte ich mich bei Mischa König bedanken.

Inhaltsverzeichnis

Zusammenfassung

Charakteristisches Merkmal eukaryotischer Zellen ist ihre Aufteilung zellulärer Prozesse in membran-umschlossene Reaktionsräume. Im Zellkern, dem größten eukaryotischen Organell, finden die Speicherung der DNA sowie die von der zytoplasmatischen Translation räumlich getrennte Transkription statt. Ein Austausch, wie zum Beispiel der nukleäre Import von Transkriptionsfaktoren oder der Export reifer mRNA ins Zytoplasma, ist nur über die in die Kernmembran integrierten, aus etwa 30 verschiedenen sogenannten Nukleoporinen bestehenden Kernporenkomplexe möglich. Neben der intrazellulären Signalverarbeitung und Biosynthese dient insbesondere der nukleäre Export der Aufrechterhaltung dieser Kompartmentalisierung eukaryotischer Zellen durch Ausschluss zytoplasmatischer Bestandteile aus dem Zellkern. Bisherige Studien in diesem Zusammenhang zeigten so zum Beispiel den Exp6-vermittelten Aktin-Export und den Exp7-vermittelten Export von p50RhoGAP. Ziel dieser Arbeit war es, diese und weitere Funktionen auch *in vivo* nachzuweisen. Während dafür mit der Herstellung eines konditionellen Exp6-Knockouts in Maus begonnen wurde, führte bereits der Versuch des Knockouts von Exp7 zu seiner phänotypfreien Deletion in fast allen Geweben. In Erythrozyten konnte jedoch die Expression der Isoform Exp7B nachgewiesen werden, die von der hier verwendeten genetischen Manipulation unbeeinträchtigt blieb. Damit eröffnet sich die Frage, ob Exp7B in Erythrozyten nur Exportfunktionen ausführt oder aufgrund der kernlosen Natur reifer Erythrozyten auch export-unabhängige Aufgaben besitzt. Ein weiterer Aspekt dieser Studie war die mausgenetische Analyse organ- oder entwicklungsspezifischer Aufgaben der auf zellulärer Ebene nicht essenziellen membranintegrierten Nukleoporine POM121, gp210 und gp210L. Diese dienen möglicherweise der Verankerung und Biogenese vertebraler Kernporen in diversen Zelltypen höherer Eukaryoten. Die Deletion von gp210 oder gp210L führte zu vitalen, fertilen und phänotypisch unauffälligen Mäusen. Ob eine Maus auch gänzlich auf die Anwesenheit der gp210-Homologe verzichten kann, wird sich mit zukünftiger Deletion beider Gene klären. Dagegen konnte diese Studie zeigen, dass POM121 bereits während der Embryogenese essenzielle Funktionen ausübt und seine Deletion letale Konsequenzen vor dem zehnten Tag der Embryonalentwicklung hat.

1. Einleitung

Eukaryotisches Leben unterscheidet sich vom prokaryotischem im Wesentlichen durch die Aufteilung zellulärer Prozesse in membranumschlossene Reaktionsräume (Kompartimente) (Chatton, 1925). Erst so ist die komplexe Organisation höherer Organismen möglich. Es findet zum Beispiel die hydrolytische Degradation zum Abbau bestimmter Komponenten in Lysosomen statt, ohne andere Bestandteile der Zelle zu schädigen. Die Energiegewinnung durch β-Oxidation von Fettsäuren ist in Mitochondrien lokalisiert und würde sonst die im Zytoplasma stattfindende Lipogenese beeinträchtigen. Auch die Lagerung und Reiz-bedingte Freisetzung von Signalmolekülen, wie Ca^{2+}-Ionen im sarkoplasmatischen Retikulum oder Neurotransmittern in neuronalen Vesikeln wird auf diesem Wege möglich (Löffler, 2002; Klinke, 2005; Alberts, 2008).

Der Zellkern ist das größte Kompartiment eukaryotischer Zellen. Er ist umgeben von der Kernmembran, die aus einer inneren, dem Nukleoplasma zugewandten und einer äußeren, mit dem endoplasmatischen Retikulum (ER) verschmelzenden Membran besteht (WATSON, 1955). Im Zellkern finden die Lagerung von DNA (Mirsky und Pollister, 1946) sowie die von der Translation im Zytoplasma (Munro 1964) räumlich getrennte Transkription statt (Clifford und Rees, 1967; Cummins und Rusch, 1967). Eukaryotische Gene enthalten Introns, die nicht für eine Aminosäure-Sequenz kodieren und nach der Transkription durch Spleißen aus prä-mRNAs entfernt werden müssen (Sharp, 1985). Erst solche intronfreien, reifen mRNAs gelangen nach Qualitätskontrolle ins Zytoplasma. Das Ausschließen von Translationsfaktoren aus dem Kern (Bohnsack *et al.*, 2002) sowie unreifer mRNA aus dem Zytoplasma ermöglicht die effektive Produktion korrekter Proteine und verhindert die Synthese verkürzter oder toxischer Produkte. Gleichzeitig erfordert dies aber auch Transport zwischen Zytoplasma und Zellkern. So müssen ribosomale Proteine (De Robertis *et al.*, 1978) und nukleäre Strukturproteine, wie Histone (Einck und Bustin, 1984) oder Lamine (Hennekes *et al.*, 1993; Leukel und Jost, 1995), in den Zellkern gelangen, während reife mRNA (Green, 1989) und in Nukleoli assemblierte Ribosomen-Untereinheiten (Lonn und Edstrom, 1977) aus diesem hinaus exportiert werden müssen. Auch zusammen mit einer über den Transport regulierbaren Aktivität von

Transkriptionsfaktoren (Kaffman und O'Shea, 1999) ist so in Eukaryoten im Vergleich zu Prokaryoten eine weit komplexere, signalregulierte Genexpression möglich. Möglicherweise waren deswegen nur eukaryotische Lebewesen in der Lage, sich zu mehrzelligen, komplexen Organismen zu entwickeln.

1.1 Nukleärer Transport

Den Austausch zwischen Zyto- und Nukleoplasma vermitteln Kernporenkomplexe (Feldherr, 1968), die in die Kernmembran integriert sind (Watson, 1955, 1959; Merriam, 1961). Diese Komplexe bestehen aus etwa 30 verschiedenen Proteinen (Davis und Blobel, 1986; Rout und Blobel, 1993), den sogenannten Nukleoporinen, und sind verantwortlich für die semipermeable Natur der Kernmembran (Harding und Feldherr, 1959). So ist sie durchlässig für anorganische Moleküle und Proteine kleiner als 40 kDa, bildet jedoch eine Barriere für „normale“ Makromoleküle (Mohr *et al.*, 2009). Auf diesem Wege wird die Durchmischung der zytoplasmatischen und nukleären Komponenten verhindert und so die räumliche Trennung von Transkription und Translation möglich. Gleichzeitig muss jedoch der kontrollierte Transport vieler Makromoleküle, wie der nukleäre Import ribosomaler Proteine oder der Export assemblierter Ribosomen-Untereinheiten, erlaubt sein. Proteine mit einer nukleären oder zytoplasmatischen Destination verfügen dafür über entsprechende Transportsignale (Dingwall *et al.*, 1982; Kalderon *et al.*, 1984b; Goldfarb *et al.*, 1986; Fischer *et al.*, 1995; Wen *et al.*, 1995b), die von nukleären Transportrezeptoren erkannt werden können. Diese Rezeptoren binden ihre Fracht und vermitteln den Transport zum jeweiligen Zielort über die Interaktion mit Nukleoporinen (Adam *et al.*, 1990; Adam und Gerace, 1991; Mattaj und Englmeier, 1998; Allen *et al.*, 2002). Im Innern der Pore lokalisierte Nukleoporine besitzen sogenannte FG-*Repeats* (Wiederholung Phenylalanin-Glycin-reicher Sequenzen) (Wente *et al.*, 1992; Radu *et al.*, 1995; Hu *et al.*, 1996). Diese bilden über hauptsächlich hydrophobe Wechselwirkungen ein gelartiges Netzwerk, das die selektive Permeabilitätsbarriere der Kernpore darstellt (Frey *et al.*, 2006). Mit diesen FG-*Repeats* können nukleäre Transportrezeptoren interagieren und den Transport per erleichterter Diffusion samt gebundener Fracht vermitteln (Frey und Görlich, 2007) ohne die Pore durchlässig für inerte Moleküle zu machen (Frey und Görlich, 2009). So können bis zu 3 MDa große Komplexe diese Barriere durchqueren (Lehmann *et al.*, 2002).

Transportrezeptoren werden entsprechend ihrer Funktion in zwei Gruppen eingeteilt: Importrezeptoren (Importine, Imp) vermitteln den Import in den Zellkern (Görlich *et al.*, 1994), während Exportrezeptoren (Exportine, Exp) ihre Fracht aus dem Zellkern ins Zytoplasma transportieren (Stade *et al.*, 1997). Importine erkennen ihre Substrate an einem nukleären Lokalisationssignal (NLS) (Kalderon *et al.*, 1984a), das in der Regel aus einer oder zwei kurzen Sequenzen positiv geladener Aminosäuren, wie Arginin oder Lysin, besteht, wie zum Beispiel das NLS des großen T-Antigens von SV40 (Kalderon *et al.*, 1984b) oder das zweiteilige NLS von Nukleoplasmin (Dingwall *et al.*, 1982). Das klassische nukleäre Exportsignal (NES), das vom Exportin CRM1 erkannt wird, ist eine 25 Aminosäuren lange Sequenz mit vier bis fünf Leucinen (Güttler *et al.*, 2010) und findet sich zum Beispiel im Proteinkinase A Inhibitor PKI und auch im viralen HIV-REV-Protein (Fischer *et al.*, 1995; Wen *et al.*, 1995b; Fritz und Green, 1996; Kutay und Guttinger, 2005). Auch das Vorkommen komplexer Exportsignale ist beschrieben, wie eine entsprechende Domäne des Importadapters für spleißosomale Ribonukleotidproteine Snurportin I, die von CRM1 erkannt wird (Paraskeva *et al.*, 1999; Monecke *et al.*, 2009).

Energie für die rezeptorvermittelte Diffusion durch die Permeabilitätsbarriere liefert der RanGTP-Gradient zwischen Zytoplasma und Zellkern (Görlich *et al.*, 1996, 1997). Der im Kern an den Histonen H2A und H2B gebundene Nukleotid-Austausch-Faktor Rcc1 katalysiert den Austausch von GDP zu GTP an Ran und hält so eine im Gegensatz zum Zytoplasma hohe nukleäre RanGTP-Konzentration aufrecht (Bischoff und Ponstingl, 1991; Nemergut *et al.*, 2001; Li *et al.*, 2003; Makde *et al.*, 2010). Importine binden ihre Fracht im Zytoplasma und setzen sie nach Passage der Pore im Kern durch Assoziation mit RanGTP frei (Rexach und Blobel, 1995; Görlich *et al.*, 1996). Exportine dagegen binden ihre Substrate im Zellkern im Komplex mit RanGTP und entlassen sie im Zytoplasma (Fornerod *et al.*, 1997; Kutay *et al.*, 1997). Für die Dissozation des Exportkomplexes ist die Hydrolyse von Ran-gebundenem GTP zu GDP durch die zytosolischen Proteine RanGAP und RanBP1 nötig (Bischoff *et al.*, 1995; Bischoff und Görlich, 1997; Lounsbury und Macara, 1997; Kehlenbach *et al.*, 1999; Koyama und Matsuura, 2010).

Nach erfolgreichem Transport passieren Exportine die Pore ohne zusätzliche Faktoren zurück in den Zellkern, während Importine im Komplex mit RanGTP wieder ins Zytoplasma gelangen (Görlich *et al.*, 1997). Den Rücktransport von RanGDP wiederum bewerkstelligt NTF2 (Wong *et al.*, 1997; Smith *et al.*, 1998). Durch den

Austausch von Ran-gebundenem GDP zu GTP durch Rcc1 ist dieser Transport unidirektional (Abbildung 1).

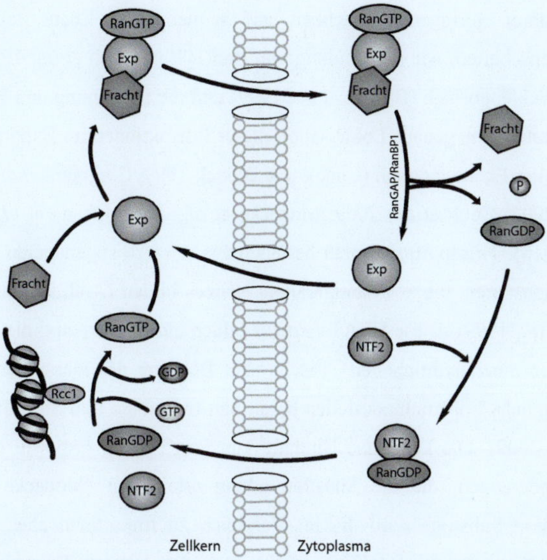

Abbildung 1: Nukleärer Export.
Exportine (orange, Exp) transportieren ihre Fracht (lila) im Komplex mit RanGTP (grün) aus dem Zellkern durch in die Kernmembran integrierte Kernporenkomplexe ins Zytoplasma, wo durch RanGAP und RanBP1 die Hydrolyse von Ran-gebundenem GTP zu GDP (rot) und Phosphat (grün, P) sowie die Freisetzung der Fracht erfolgt. Exportine können ohne zusätzliche Faktoren durch die Pore wieder in den Zellkern gelangen, während RanGDP von NTF2 (braun) zurück transportiert wird. Der Austausch von GDP (pink) zu GTP (gelb) an Ran erfolgt durch den an Histonen gebundenen Guanin-Nukleotid-Austauschfaktor Rcc1 (grau), wodurch dieser Transport unidirektional ist. Rcc1 hält ebenfalls eine im Vergleich zum Zytoplasma hohe Konzentration von RanGTP im Zellkern aufrecht.

1.1.1 Nukleäre Exportrezeptoren

Die meisten der bisher beschriebenen Exportrezeptoren gehören zur Familie von Impβ, das erste identifizierte Importin (Görlich *et al.*, 1995; Moroianu *et al.*, 1995a, 1995b). Trotz ihrer geringen Ähnlichkeit auf sequenzieller Ebene teilen sie funktionelle Eigenschaften, wie die Bindung von RanGTP (Görlich *et al.*, 1997), die Interaktion mit Nukleoporinen (Bayliss *et al.*, 1999) und die Erkennung und Bindung von Exportsubstraten. Die genaue Lokalisation dieser Interaktionen im Exportin wird erst auf struktureller Ebene möglich (Chook und Blobel, 1999; Cingolani *et al.*, 1999; Imasaki *et al.*, 2007; Cook *et al.*, 2009; Monecke *et al.*, 2009; Okada *et al.*, 2009; Güttler *et al.*, 2010). Transportrezeptoren bestehen aus etwa 20 sogenannten HEAT-*Repeats*, 40 Aminosäuren, die zwei antiparallele Helices bilden (Andrade und Bork, 1995; Groves *et al.*, 1999). Diese HEAT-*Repeats* bilden eine Superhelix, die in ihrer Oberfläche, neben einer hydrophoben „Tasche" zur Bindung des klassischen NES, viele weitere mögliche Substratbindestellen bereit hält (Matsuura und Stewart, 2004; Monecke *et al.*, 2009). Die komplexe Bindung von RanGTP im Exportin führt zu Konformationsänderungen, die die Substratbindung erleichtern (Monecke *et al.*, 2009). Durch diese Substrate wird die im Vergleich zu Importinen eher geringe Affinität von Exportinen zu RanGTP erhöht und der trimere Exportkomplex Exportin•Substrat•RanGTP stabilisiert (Görlich und Kutay, 1999).
In Vertebraten sind bisher acht Exportrezeptoren beschrieben, zwei davon dienen auch als Importine (Tabelle 1). Während die meisten davon über ein enges Substrat-spektrum verfügen, zum Beispiel Exportin t, dass nur tRNAs exportiert (Kutay *et al.*, 1998), zeigen andere Exportine eine größere Bandbreite an Frachtproteinen. So erkennt CRM1 viele Substrate dank ihrem klassischen NES und führt unter anderem den Proteinkinase A Inhibitor PKI (Wen *et al.*, 1995a), den Zellzyklusregulator Cyclin B (Hagting *et al.*, 1998), MAPK-Kinasen (Fukuda *et al.*, 1996) sowie Snurportin I (Paraskeva *et al.*, 1999) aus dem Zellkern. Über eine oft modifizierbare Verfügbarkeit der NES für ein Exportin ist der Transport aus dem Zellkern zudem regulierbar (Yan *et al.*, 1998; Kaffman und O'Shea, 1999).

Tabelle 1: Bisher beschriebene Exportine höherer Eukaryoten.

Exportin	*Substrate*	*Kategorie des Exportes*
CRM1/Exportin 1	Leucin-reiche NES-haltige Proteine (Fischer *et al.*, 1995; Wen *et al.*, 1995b), Snurportin I (Paraskeva *et al.*, 1999), Ribosomen (Thomas und Kutay, 2003)	Biosynthetischer Transport, Regulation, Ausschluss von Zytoplasma
CAS	Importin α (Kutay *et al.*, 1997)	Biosynthetischer Transport
Exportin t	tRNA (Kutay *et al.*, 1998)	Biosynthetischer Transport
Exportin 4*	eIF-5A (Lipowsky *et al.*, 2000)	Ausschluss von Zytoplasma
Exportin 5	pre-miRNAs (Bohnsack, 2004) tRNA (Bohnsack *et al.*, 2002)	Biosynthetischer Transport, Ausschluss von Zytoplasma
Exportin 6	Aktin, Profilin (Stueven *et al.*, 2003)	Ausschluss von Zytoplasma
Exportin 7	14-3-3σ, p50RhoGAP (Mingot *et al.*, 2004)	Ausschluss von Zytoplasma
Importin 13*	eIF-1A (Mingot *et al.*, 2001)	Ausschluss von Zytoplasma
TAP/NFX1[A]	mRNA (Gruter *et al.*, 1998)	Biosynthetischer Transport

*Exp4 und Imp13 funktionieren auch als Importine. So importiert Exp4 die Transkriptionsfaktoren Smad und Sox2 (Gontan *et al.*, 2009), Imp13 das RNA-bindende Protein Rbm8, das SUMO-konjugierende Enzym Ubc9 und den Transkriptionsfaktor Pax6 (Mingot *et al.*, 2001; Ploski *et al.*, 2004; Yamaguchi *et al.*, 2006).
[A]Das RNA-bindende Exportin TAP/NFX1 gehört nicht zur Impβ-Familie (Herold *et al.*, 2000).

1.1.2 Funktionen des nukleären Exportes

Die Funktionen nukleärer Exportrezeptoren können in drei Kategorien eingeteilt werden (Tabelle 1). So werden viele zelluläre Signale zur Regulation der Genexpression und zur Kontrolle der Mitose auf diesem Wege verarbeitet (Kaffman und O'Shea, 1999; Terry *et al.*, 2007). Beispiele sind die CRM1-vermittelteten Exporte von Cyclin B, MAPKK, PKI sowie der Transkriptionsfaktoren NFAT (Crabtree und Clipstone, 1994; Zhu und McKeon, 1999) und AP-1 (Yan *et al.*, 1998). Eine weitere wichtige Funktion ist der biosynthetische Export. So werden, wie bereits erwähnt, neben tRNA (Bohnsack *et al.*, 2002) auch assemblierte ribosomale Untereinheiten (Thomas und Kutay, 2003; Lo und Johnson, 2009) ins Zytoplasma geführt. Eine dritte Aufgabe ist der Ausschluss zytoplasmatischer Komponenten aus dem Zellkern. Dieser Export ist nötig, da auch größere Moleküle durch passive Diffusion die nicht immer perfekte Barriere der Pore durchqueren können (Wang und Brattain, 2007). Des Weiteren vermischen sich während der in multizellulären Eukaryoten gängigen

„offenen" Mitose zytoplasmatische und nukleäre Bestandteile (Kutay und Hetzer, 2008). Der Export verschiedener Translationsfaktoren aus dem Zellkern ist hier einzuordnen und unterstützt die räumliche Trennung von Transkription und Translation. So werden eIF-5A von Exportin 4 (Lipowsky *et al.*, 2000), eIF-1A von Importin 13 (Mingot *et al.*, 2001), eIF2β, eIF2Bε und eRF1 von CRM1 und eEF1A von Exp5 zytoplasmatisch gehalten (Bohnsack *et al.*, 2002). Ein weiterer Exportrezeptor dieser Gruppe ist Exportin 7 (Exp7), der p50RhoGAP und 14-3-3σ ins Zytoplasma exportiert (Mingot *et al.*, 2004). Auch Elemente des Zytoskeletts, deren Polymerisierung die funktionelle Kernmorphologie möglicherweise stören könnte, werden aus dem Kern ausgeschlossen, wie der Exportin 6 (Exp6)-vermittelte Export von Aktin zeigt (Stueven *et al.*, 2003).

1.2.3 Der nukleäre Exportrezeptor Exportin 6

Exp6 ist in der Lage, α- und β-Aktin im Komplex mit Profilin I aus dem Zellkern ins Zytoplasma zu exportieren (Stueven *et al.*, 2003; Bohnsack *et al.*, 2006). Auf diesem Wege wird der passiven, unspezifischen Diffusion durch die Permeabilitätsbarriere der nur 42 kDa großen Aktin-Moleküle in den Zellkern entgegengewirkt und eine unkontrollierte, funktionsstörende Filamentbildung im Zellkern verhindert. So führt der Knockdown dieses Exportins in Drosophila-Schneider-Zellen zur Bildung intranukleärer Aktin-Parakristalle, seine vollständige Deletion in Drosophila ist im Larvenstadium letal, vermutlich als Konsequenz dieses Phänotyps (Stueven *et al.*, 2003). Auch in humanen Zellen konnte der Export mehrerer Aktin-Isoformen durch Exp6 demonstriert werden (Stueven *et al.*, 2003; Bohnsack *et al.*, 2006). Die weite Verbreitung von Exp6 in vielen Eukaryoten, wie Schleimpilzen, Fischen, Amphibien, Insekten und Säugern, deutet auf einen evolutionären Erhalt dieser Exportfunktion (Stueven *et al.*, 2003). Eine erstaunliche Ausnahme sind amphibische Oozyten, die über kein detektierbares Exp6 verfügen. Aufgrund des dadurch fehlenden Exportes kann diese Zelle im Zellkern Aktin akkumulieren, das hier ein Netzwerk zur Stabilisierung der äußerst großen Zellkerne bildet (Bohnsack *et al.*, 2006).
α-Aktin ist neben Myosin Hauptbestandteil des kontraktilen Apparates in Muskelzellen (Kesztyus *et al.*, 1949; Morales, 1970). β-Aktin ist die häufigste Aktin-Variante nicht-muskulärer Zellen. Es dient durch Ausbildung von Mikrofilamenten der Stabilisierung der Zellform, der Migration von Zellen sowie intrazellulären Transport-

vorgängen (Alberts, 2008). Einige bisher beschriebene Mutationen im α-Aktin-1-Gen (ACTA-1) verursachen Myopathien mit intranukleären Aktin-Parakristallen (Jenis *et al.*, 1969; Barohn *et al.*, 1994; Laing *et al.*, 2009). Dies sind Varianten sogenannter Nemalin-Myopathien, genetischen Erkrankungen, die zu parakristallinen Aktin-Strukturen in Muskelzellen führen (Goebel und Warlo, 1997; Wallgren-Pettersson, 2002). Oft wird vermutet, dass diese Mutationen den Aktin-Export durch CRM1 behindern und so zu nukleärer Aktin-Polymerisation führen (Ilkovski *et al.*, 2004; Domazetovska *et al.*, 2007). In unserem Labor ließ sich jedoch nur ein Aktin-Export durch Exp6 ohne Beteiligung von CRM1 nachweisen (Stueven *et al.*, 2003). Die Deletion dieses Exportins in höheren Eukaryoten führt möglicherweise zur Akkumulation verschiedener Aktin-Isoformen in Zellkernen unterschiedlicher Zelltypen. Dies wird vermutlich gewebe- und entwicklungsspezifische Konsequenzen haben. Um der Frage nach der biologischen Relevanz von Exp6 in diesem Zusammenhang *in vivo* nachzugehen, wurde im Rahmen dieser Arbeit mit der Herstellung eines konditionellen Knockouts von Exp6 in Maus begonnen.

1.2.4 Der nukleäre Exportrezeptor Exportin 7

Exp7 exportiert p50RhoGAP und 14-3-3σ aus humanen und amphibischen Zellkernen (Mingot *et al.*, 2004). Das Rho- und Rac-GTPase-aktivierende Protein p50RhoGAP reguliert im Zytoplasma vornehmlich die Aktivität von Cdc42, das unter anderem das Aktin-Zytoskelett, die Zellform und das Zellwachstum beeinflusst (Lancaster *et al.*, 1994). Ligandenaktiviertes 14-3-3σ inhibiert den Zellzyklus durch zytoplasmatische Sequestrierung Cyclin/Cyclin-abhängiger Kinase-Komplexe (Cyclin/Cdk) (Laronga *et al.*, 2000). Eine weitere Arbeit wies einen über den Adapter Stradα Exp7-vermittelten Export der Serin-/Threonin-Kinase LKB1, die die Zellpolarität reguliert und nur im Zytoplasma aktiv ist, nach (Dorfman und Macara, 2008). Bindungsversuche mit immobilisiertem Exp7 zeigten die RanGTP-abhängige Bindung weiterer Substratkandidaten mit vornehmlich zytoplasmatischer Aktivität oder Lokalisation. Darunter fanden sich einige Translationsfaktoren, wie eIF4AI und eIF1 sowie die endosomalen Retromerproteine Vps35, Vps26 und Vps29 (Mingot *et al.*, 2004). Die Divergenz bisher identifizierter Exportsubstrate und Substratkandidaten als auch das Fehlen einer eindeutigen Signalsequenz und der sehr unterschiedlichen Erkennung seiner Substrate (Mingot *et al.*, 2004; Dorfman und Macara, 2008) ließen vermuten, dass

Exp7 ein Exportrezeptor mit einer großen Bandbreite an Frachtmolekülen, ähnlich wie CRM1, ist.

Exp7 ist in Säugern auf mRNA-Ebene (Koch *et al.*, 2000) sowie auf Proteinebene (diese Studie) in fast allen getesteten Geweben detektierbar und zeigt zudem eine hohe Konservierung in vielen höheren Eukaryoten (Kutay *et al.*, 2000). Die Funktionalität dieses Exportrezeptors ist daher vermutlich essenziell für das Leben höherer, komplexerer Organismen. Ziel dieser Arbeit war es, diese Funktionen *in vivo* zu analysieren. Nach anfänglichen Experimenten in humanen Zellkulturen, folgte hierfür die mausgenetische Analyse des Phänotyps von deletiertem Exp7.

1.2 Die vertebrale Kernpore

Der Transport zwischen Zellkern und Zytoplasma ist nur durch in die Kernmembran integrierte Kernporen möglich (Watson, 1955, 1959; Merriam, 1961; Feldherr, 1968). Trotz unterschiedlicher Größe (60 MDa in Hefe, 125 MDa in Vertebraten (Reichelt *et al.*, 1990; Rout und Blobel, 1993; Cronshaw *et al.*, 2002) zeigen Kernporenkomplexe, die aus etwa 30 verschiedenen Nukleoporinen bestehen, von Hefe bis Vertebraten einen sehr ähnlichen Aufbau (Franke, 1970; Adam, 2001). Die innere und äußere Kernmembran fusionieren und bilden Poren, in denen diese Proteinkomplexe eingebettet sind. Vertikal zur Kernmembran befindet sich eine zentrale Speiche, die rotationssysmmetrisch aus acht identisch aufgebauten Segmenten besteht. Sowohl auf zyto- als auch auf nukleoplasmatischer Seite schließen sich diesem Ring je acht filamentöse Strukturen an, die im Kern in einem distalen Ring enden und den nukleären Korb bilden (Watson, 1959; Hinshaw *et al.*, 1992; Akey und Radermacher, 1993; Rout und Blobel, 1993; Yang *et al.*, 1998). Nukleoporine lassen sich funktionell und strukturell in drei Gruppen einteilen (Abbildung 2B). Das Grundgerüst der Pore bildende Nukleoporine, die hauptsächlich zu den Subkomplexen Nup107-160 (Walther *et al.*, 2003) und Nup93 (Grandi *et al.*, 1997) assembliert sind, enthalten sogenannte β-Propeller- und α-Solenoide Proteinfaltungsmotive und ähneln so Komponenten von Clathrin-, COPI und COPII-Vesikel-umsäumenden Komplexen (Brohawn *et al.*, 2009). Sie interagieren vermutlich ähnlich wie diese mit Membranlipiden und verankern die Pore zusammen mit membran-integrierten Porinen, wie zum Beispiel in höheren Eukaryoten gp210 (Gerace *et al.*, 1982; Wozniak *et al.*, 1989), Ndc1 (Mans *et al.*, 2004; Mansfeld *et al.*, 2006; Stavru *et al.*, 2006a) und

POM121 (Hallberg *et al.*, 1993), in der Kernmembran. Ihre Funktionalität erhält die Pore durch zentrale Porine, wie dem Nup62-Komplex (Davis und Blobel, 1986; Hu *et al.*, 1996). Mitglieder dieses Komplexes besitzen über 50% nicht-globuläre Anteile, die reich an bereits erwähnten FG-*Repeats* sind (Mohr *et al.*, 2009). Ihr globulärer Teil dient ihrer Verankerung mit dem Porengerüst. Des Weiteren bieten peripher angeordnete Nukleoporine Plattformen für Protein-Interaktionen und sind entsprechend ihrer Funktion oft kompartiment-spezifisch lokalisiert. So befindet sich Nup358 (RanBP2) auf der zytoplasmatischen Seite der Pore (Melchior *et al.*, 1995), interagiert mit Exportkomplexen und begünstigt ihre Dissoziation und so die Freisetzung der Fracht am Zielort (Hutten *et al.*, 2008, 2009).

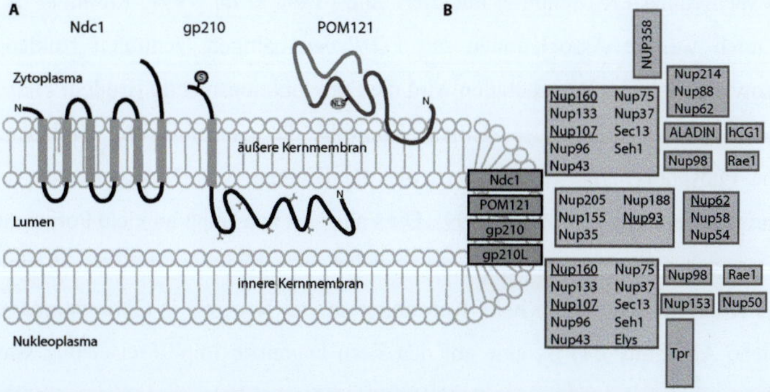

Abbildung 2: Membran-integrierte Nukleoporine und Zusammensetzung der vertebralen Kernpore.

A) Zeigt den schematischen Aufbau der membran-integrierten Porine. *Hs* Ndc1 (75 kDa) besteht aus 611 Aminosäuren (AS) und besitzt fünf Transmembrandomänen (TM, in grün). 24 N-terminale sowie 320 C-terminale AS reichen ins Zytoplasma und können mit der Pore interagieren. *Hs* gp210 (210 kDa) besteht aus 1887 AS, besitzt einen nur sehr kurzen zytoplasmatischen Teil (56 AS), der einem etwa 21 AS langen Stop-Transfer-Segment folgt. Das konservierte Ser-1880 wird zellzyklus-abhängig phosphoryliert. Die N-terminale Signalsequenz wird während der Insertion in das endoplasmatische Retikulum abgeschnitten (nicht mit abgebildet). Der lange, luminale N-terminus von gp210 ist glykosyliert (Y, orange). *Hs* POM121 (120 kDa) besitzt einen N-terminalen Signalanker (blau), in der die 40 AS lange Intramembran-Domäne liegt. Ausreichend für den Einbau in die nukleäre Pore sind jedoch zentrale Bereiche (pink), die sich zusammen mit dem FG-*Repeat*-haltigen C-Terminus im Zytoplasma befinden. Zwischen der AS 292 und 317 befindet sich zudem ein NLS (rot). **B)** Schematischer Aufbau der vertebralen Kernpore zeigt transmembrane Porine (grün), Gerüstporine (orange) sowie zentrale und periphere Porine (blau). In Boxen zusammengefasste Porine bilden Subkomplexe, die nach den unterstrichenen Mitgliedern benannt sind. (dargestellt in abweichendem Maßstab)

1.2.1 Biogenese der Kernpore

Die Assemblierung nukleärer Poren und ihr Einbau in die Kernmembran findet im Zellzyklus zu zwei Zeitpunkten mit sehr unterschiedlichen Startbedingungen statt: während der Rückkehr der Zellen in die Interphase und in der Interphase selbst. Dem Zusammenbruch der Kernhülle zu Beginn der Mitose, einhergehend mit einer Deassemblierung nukleärer Poren, folgt in der späten Telophase die Bildung einer neuen Kernmembran und die Integration neuer Poren (Antonin *et al.*, 2008; Kutay und Hetzer, 2008). Bisherige Studien lassen vermuten, dass hierfür Vorläufer-Poren aus Nup107-160-Komplexen, die über das Protein Elys/Mel28 an Chromatin binden, gebildet werden (Hase und Cordes, 2003; Franz *et al.*, 2007; Dultz *et al.*, 2008). Diese interagieren mit transmembranen Nukleoporinen, wie POM121 oder gp210, die in einer umwachsenden ER-Membran integriert sind (Yang *et al.*, 1997; Rasala *et al.*, 2008). Durch weitere Assoziationen mit FG-*Repeat*-haltigen, zentralen Nukleoporinen sowie peripheren Bestandteilen wird die Pore funktionstüchtig (Bodoor *et al.*, 1999; Antonin *et al.*, 2008). Die zeitliche Kontrolle der Assemblierung wird über mitotische Phosphorylierungen realisiert, die die Bindung von Nukleoporinen an Chromatin regulieren (Miller *et al.*, 1999). Die Fähigkeit von Impβ an viele Porine zu binden und dabei die Assoziation untereinander zu inhibieren, ermöglicht eine räumliche Kontrolle. Durch die hohe Konzentration von RanGTP in Chromatinnähe (Rcc1, siehe Abschnitt 1.1) ist eine auf den Kern begrenzte Impβ-Freisetzung von Porinen und so ihre Interaktion untereinander möglich (Clarke und Zhang, 2004; D'Angelo *et al.*, 2006; Wagstaff und Jans, 2009).

In nicht-mitotischen Zellen dagegen müssen neue Poren in eine intakte Kernhülle inkoorperiert werden (Doucet und Hetzer, 2010). Auch hier sind wenige mechanistische Details bekannt. Vermutlich folgt der Bildung eines Loches in die Kernmembran, die Integration assemblierter Vorläuferporen und abschließend die Bindung weiterer Nukleoporine, ähnlich der Assemblierung der Poren nach der Mitose (Hetzer, 2010). Bei der Positionierung, Verankerung und Deassemblierung nukleärer Poren, sowie der Fusion von innerer und äußerer Membran zur Bildung eines Membranloches wird die Beteiligung membran-integrierter Porine vermutet. Ihre exakte Funktion in diesen Prozessen ist jedoch noch nicht geklärt.

1.2.2 Membran-integrierte Nukleoporine

In Vertebraten wurden bisher vier membran-integrierte Nukleoporine identifiziert: POM121, Ndc1, gp210 sowie gp210L. POM121 (Abbildung 2A) konnte bisher nur in Vertebraten nachgewiesen werden (Hallberg *et al.*, 1993; Stavru *et al.*, 2006b) und ist somit das evolutionär jüngste Porin dieser Sorte. Es wird nach der Mitose bereits während der ersten Schritte der Biogenese der nukleären Pore rekrutiert (Rabut *et al.*, 2004; Antonin *et al.*, 2005), wobei es die Assemblierung weiterer Nukleoporine, wie Nup62 und Nup358, in die entstehende Pore vermitteln kann (Stavru *et al.*, 2006a, 2006b; Rasala *et al.*, 2008). Auch seine Beteiligung an der Kernporenbiogenese in der Interphase wird vermutet (Antonin *et al.*, 2005). Hier könnte es beim Einbau neuer Poren in eine intakte Kernmembran zusammen mit Nup133, das dank eines ALPS-Motivs (Drin *et al.*, 2007; Fernandez-Martinez und Rout, 2009) gekrümmte Membranen detektieren kann (Doucet *et al.*, 2010), agieren. Im N-terminalen Teil von POM121 findet sich ein NLS, das die Bindung zu Impβ und vielen anderen Nukleoporinen, die in finalen Schritten der Porenbiogenese assembliert werden, ermöglicht (Yavuz *et al.*, 2010). Auswirkungen einer Depletion von POM121 sind jedoch nicht immer detektierbar. Während in einigen Studien mit Nierenzellen der Ratte (Antonin *et al.*, 2005), humanen Knochenkrebszellen (Doucet *et al.*, 2010) und HeLa-Zellen (Funakoshi *et al.*, 2007) der Knockdown von POM121 die Anzahl und die korrekte Lokalisation nukleärer Poren beeinträchtigte, konnten Stavru et al. keinen solchen Effekt in POM121 depletierten HeLa-Zellen nachweisen. Selbst der Knockdown von POM121 in humanen Fibroblasten, denen endogenes gp210 fehlt, führte zu keiner gestörten Bildung neuer Kernporen (Stavru *et al.*, 2006b).

Im Gegensatz zu POM121 sind gp210 und Ndc1 bereits in Protisten Bestandteil von Kernporenkomplexen, Sequenzdaten zeigen jedoch ihren Verlust in vielen Eukaryoten. So kommen einige Protozoen ohne Ndc1 aus, das dagegen in Hefe (Ndc1p), Wurm und Mensch essenzieller Bestandteil des Kernporenkomplexes ist (Thomas und Botstein, 1986; Mansfeld *et al.*, 2006; Stavru *et al.*, 2006a). Ndc1 (Abbildung 2A) ist über sechs Transmembran-Domänen in die Kernmembran integriert, bindet zudem Nup35, ein zentrales Nukleoporin, und kann so zur Verankerung des Porenkomplexes in der Membran beitragen (Mansfeld *et al.*, 2006). In humanen Zellen und *C.elegans* führte fehlendes Ndc1 zu schweren Defekten bei der Porenbiogenese und in letzteren zu einer stark verminderten Vitalität und Fertilität (Stavru *et al.*, 2006a).

gp210 (Abbildung 2A) ist zwar vorhanden in Vertebraten, Amöben, Pflanzen, Würmern und Fliegen, fehlt aber in Hefen und Pilzen (Gerace *et al.*, 1982; Berrios *et al.*, 1995; Cohen *et al.*, 2003; Mans *et al.*, 2004) und wird in vielen höheren Eukaryoten nur in einigen Zelltypen exprimiert (Olsson *et al.*, 1999, 2004). Die effiziente Verankerung und Biogenese einer funktionellen Pore ist demnach auch ohne gp210 möglich (Eriksson *et al.*, 2004; Stavru *et al.*, 2006b). Auch wurde gezeigt, dass gp210 sehr mobil ist und erst sehr spät während der Assemblierung neuer Poren rekrutiert wird (Bodoor *et al.*, 1999; Rabut *et al.*, 2004). Jedoch führte eine reduzierte gp210-Expression in embryonalen Zellen von *C.elegans* zu einer Beeinträchtigung des zu Beginn der Mitose stattfindenden Zusammenbruchs der Kernhülle. Es wird vermutet, dass gp210 hier die Dissoziation des Lamin-Netzwerkes und die Deassemblierung der Pore unterstützt (Galy *et al.*, 2008). Dafür notwendig ist die Phosphorylierung des Ser-1880 durch Cyclin B/Cdc2 während der Mitose (Favreau *et al.*, 1996; Onischenko *et al.*, 2007). gp210 ist in der Lage, Dimere zu bilden (Favreau *et al.*, 2001) und könnte auf diesem Wege mit anderen nicht-transmembranen Porinen oder auch gp210L, seinem nur in Hoden von Säugern exprimiertem Homolog (Baker *et al.*, 2008), Komplexe bilden. Aufgrund eines fehlenden Phänotyps von depletierten gp210 auf zellulärer Ebene (Stavru *et al.*, 2006b) ist anzunehmen, dass seine Funktionen erst *in vivo* zum Tragen kommen. Da die meisten eukaryotischen Zellen auch ohne gp210L auskommen, ist auch für dieses bisher nicht anaylsierte transmembrane Porin ein solches Szenario denkbar. Aufgrund der exklusiven Expression von gp210L im männlichen Fortpflanzungstrakt wäre seine Beteiligung an der massiven Umlagerung nukleärer Poren, die im Zuge der Spermienreifung stattfindet (Fawcett und Chemes, 1979), vorstellbar. Die Deletion von gp210L könnte daher zu einer verminderten Reproduktionsfähigkeit führen, was sich nur bedingt *in vitro* untersuchen ließe.

In allen bisher untersuchten eukaryotischen, kernhaltigen Zellen ist die konstitutive Anwesenheit von Kernporen in der Kernmembran detektierbar und unerlässlich für ihr Überleben. In höheren Eukaryoten scheint die gewebe- oder entwicklungsspezifische Expression einzelner Nukleoporine die Pore für zelltypspezifische Aufgaben zu wappnen. Möglich ist auch, dass durch redundante Komponenten Kernporenkomplexe robust in ihrer Funktion gemacht werden, was durch die Expression nicht-essenzieller Bestandteile, deren Aufgaben bei Deletion anderweitig übernommen werden können, zum Ausdruck kommt. So sind nukleäre Porenkomplexe in *S. cerevisae* selbst bei Deletion von mehr als der Hälfte aller FG-*Repeat*-haltigen Nukleoporine funktionstüchtig (Strawn *et al.*, 2004). Um zu analysieren, welche membran-integrierten Porine wann und wo in höheren Eukaryoten unerlässlich für Vitalität und Fertilität sind, wurden im Rahmen dieser Arbeit die auf zellulärer Ebene nicht essenziellen Porine gp210, gp210L sowie POM121 in Mäusen deletiert.

2. Material und Methoden

2.1 Material

2.1.1 Chemikalien und Reagenzien

Alle Chemikalien und Reagenzien wurden von Gibco BRL (Eggenstein, Deutschland), Invitrogen (Karlsruhe, Deutschland), Merck (Darmstadt, Deutschland), Molecular Probes (Göttingen, Deutschland), New England Biolabs (Schwalbach, Deutschland), Promega (Mannheim, Deutschland), Roche (Mannheim, Deutschland), Roth (Karlsruhe, Deutschland), Sigma-Aldrich (Steinheim, Deutschland) und PerkinElmer (Waltham, USA) bezogen.

2.1.2 Lösungen und Puffer

10x PBS, pH 7
1.36 M NaCl
23 mM KCl
42 mM Na_2HPO_4
14 mM KH_2PO_4

50x TAE
2 M Tris Base
950 mM Essigsäure
50 mM EDTA pH 8

10x TB
1.5 M NaCl
60 mM Tris Base
160 mM Tris HCl

10x Elektrophorese-Puffer
2 M Glycin
247 mM Tris Base
35 mM SDS

6x Orange G-Probenpuffer
10 mM Tris HCl
10 mM EDTA pH 8
50% Glycerol
25% Orange G

DNA-Größenmarker
50 ng/µl 1 kb Leiter
oder
50 ng/µl 100 bp Leiter
in 6x Orange G Probenpuffer
(beide Gibco BRL)

Ponceau S-Lösung

0.2% Ponceau S

5% Essigsäure

10x Ligase-Puffer

500 mM Tris-HCl pH 7.5

100 mM $MgCl_2$

100 mM DTT

10 mM ATP

250 µg/ml BSA

Coomassie-Stocklösung

2% Coomassie Brilliant Blue G250

50% Ethanol

SDS-Probenpuffer

80 mM Tris HCl pH 6.8

4% SDS

0.5 M Sucrose

50 mM DTT

1 Messerspitze Bromphenolblau

LB-Medium

1% Trypton

0.5% Hefeextrakt

170 mM NaCl

Zelllysispuffer

0.5 M Sucrose

2 mM $MgCl_2$

140 mM Tris pH8

50 mM DTT

2% SDS

1 Messerspitze Bromphenolblau

10x PfuS-Reaktionspuffer

200 mM Tris HCl pH 9

100 mM KCl

0.1 mM EDTA pH 8

0.5 % NP40

0.5% Tween20

100 µg/ml BSA

50% Glycerol

Nativer Gewebelysepuffer

50 mM Tris pH8

100 mM NaCl

5 mM $MgCl_2$

5 mM DTT

complete Protease Inhibitor Cocktail

Lysepuffer (DNA)
100 mM Tris-HCl pH 8
0.5 M EDTA pH 8
200 mM NaCl
0.2 % SDS
100 µg/ml Proteinase K

Bindungspuffer
50 mM K_2PO_4 pH 7
50 mM NaCl
2 mM $Mg(OAc)_2$
1 mM DTT

Denaturierungslösung
0.5 M NaOH
1.5 M NaCl

Neutralisierungslösung
0.5 M Tris pH 7.5
1.5 M NaCl

1 M NAPI
178g $Na_2HPO_4 \times 2H_2O$
mit H_3PO_4 auf pH 7

Hybridisierungslösung
0.5 M NAPI
1 mM EDTA pH8
7% SDS

Waschlösung
40 mM NAPI
1 % SDS

20x SSC
0.3 M tri-Natriumcitrat-dihydrat
3 M NaCl

1x TE
10 mM Tris pH 8
1 mM EDTA

Kryomedium
80% FCS
100U/ml Penicillin
100 µg/ml Streptomycin
20% DMSO
in D-MEM + 4500 mg/ml Glukose + 2 mM L-Glutamin + 1 mM Pyruvat

Avertin-Stocklösung
15.5 ml Tertiäramylalkohol
auf 25 g Tribromethanol lösen

20 mg/ml Avertin-Lösung
0.5 ml Avertin-Stocklösung
39.5 ml PBS

2.1.3 Instrumente

Inkubator/Climo-Shaker ISF1-X	Kuhner Shaker, Schweiz
NanoDrop ND-100	peqlab, Erlangen, Deutschland
MicroPulser	Bio-Rad Laboratories, München, Deutschland
Scanner	Epson Perfection V700 Photo
Odyssey	Licor, USA
Leica TCS SP5 Mikroskop	Leica Microsystems, Wetzlar, Deutschland
Typhoon FLA 7000	GE Healthcare Life Sciences, USA
Fluoreszenz-Inversmikroskop	Olympus, Deutschland
HeraSafe Heraeus Sicherheitswerkbank	Thermo Scientific, Deutschland
C200 Zellinkubator	Labotect, Göttingen, Deutschland
SilentCrusher	Heidolph, Schwabach,Deutschland
Mini-Peristaltic Pump II	Harvard Apparatus, USA
Leica CM 1900 Kryostat	Leica Microsystems, Wetzlar, Deutschland
Leica M165C	Leica Microsystems, Wetzlar, Deutschland

Zentrifuge	*Rotor*	*Firma*
Kühl-Tischzentrifuge 5417R		Eppendorf, Deutschland
Tischzentrifuge 5424		Eppendorf, Deutschland
RC6 Plus Zentrifuge	F9, F10	Thermo Scientific, Deutschland
WX Ultrazentrifuge	T647.5	Thermo Scientific, Deutschland

2.1.4 Zellkulturmedien und -reagenzien

Sämtliche Zellkulturschalen und -flaschen sowie Multiwell-Platten wurden von TPP (Schweiz) bezogen. Kryoröhrchen für die Langzeitlagerung in flüssigem Stickstoff lieferte Thermo Scientific (Deutschland).

Von Invitrogen (Karlsruhe, Deutschland) wurden folgende Lösungen bezogen:

D-MEM + 4500 mg/l Glukose + L-Glutamin + Pyruvat

D-MEM + 1000 mg/l Glukose + L-Glutamin + Pyruvat

Hygromycin B, 50 mg/ml in PBS

Lipofectamine 2000

Von Gibco BRL (Eggenstein, Deutschland) wurden folgende Lösungen bezogen:

D-PBS

100x Nicht-Essenzielle Aminosäuren (NEAA)

Fötales Rinderserum (FCS)

Trypsin/EDTA

MEM Sodium-Pyruvat, 100 mM

L-Glutamin, 200 mM

Penicillin (5000 U/ml) / Streptomycin (5 mg/ml)

Von Sigma Aldrich wurden folgenden Stoffe verwendet:

Doxycyclin-HCl

Puromycin

Gancyclovir

G418

Weiterhin wurden folgende Lösungen verwendet:

INTERFERin (Polyplus transfection, Frankreich)

jetPEI DNA Transfection (Polyplus transfection, Frankreich)

HiPerfect (Qiagen, Hilden, Deutschland)

Staurosporin (Cell Signaling, USA)

2.1.5 Lösungen zur Herstellung transgener Mauslinien sowie für Tierversuche

PMSG (Sigma Aldrich, Steinheim, Deutschland)

hCG (Sigma Aldrich, Steinheim, Deutschland)

Tyrodes Lösung (Sigma Aldrich, Steinheim, Deutschland)

Mitomycin C (Sigma Aldrich, Steinheim, Deutschland)

Physiologische Kochsalzlösung (Serumwerk Bernburg AG, Bernburg, Deutschland)

M16 Medium (Millipore, Schwalbach, Deutschland)

M2 Medium (Millipore, Schwalbach, Deutschland)

Mineralöl (Sigma Aldrich, Steinheim, Deutschland)

LIF (Sigma Aldrich, Steinheim, Deutschland)

Heparin-Natrium (Ratiopharm, Ulm, Deutschland)

Isofluoran (cp-pharma, Burgdorf, Deutschland)

2.1.6 Kits

Nucleobond PC100 (Macherey-Nagel, Düren, Deutschland)

NucleoSpin Plasmid (Macherey-Nagel, Düren, Deutschland)

Nucleobond BAC100 (Macherey-Nagel, Düren, Deutschland)

Zymoclean Gel DNA Recovery Kit (Zymo Research, USA)

Amersham Rediprime II DNA Labelling System (GE Healthcare Life Sciences, USA)

Illustra MicroSpin G-50 Columns (GE Healthcare Life Sciences, USA)

TNT Coupled Reticulocyte Lysate Systems (Promega, Mannheim, Deutschland)

Wheat Germ Extract (Promega, Mannheim, Deutschland)

CapFishing Full Length cDNA Premix Kit (Seegene, Rockville, USA)

peqGOLD RNAPure (peqlab, Erlangen, Deutschland)

2.1.7 Enzyme

PfuS-DNA-Polymerase-Triple-Mix (AG Görlich, Göttingen, Deutschland)

100 ng/µl PfuS-DNA-Polymerase

15 ng/µl Pab-Pyrophosphatase

2.5 ng/µl Pab-dUTPase

T4-DNA-Ligase (AG Görlich, Göttingen, Göttingen)

T4-Polynukleotidkinase (T4-PNK) (Fermentas, St.Leon-Rot, Deutschland)

SuperScriptII Reverse Transcriptase (Invitrogen, Karlsruhe Deutschland)

T7-RNA Polymerase (Promega, Mannheim, Deutschland)

Benzonase Nuklease (Merck, Darmstadt, Deutschland)

Alkaline Phosphatase (New England Biolabs, Schwalbach, Deutschland)

Restriktionsendonukleasen (New England Biolabs, Schwalbach, Deutschland)

2.1.8 Antikörper

Tabelle 2: Primärantikörper.

Antigen	*Wirt*	*Verdünnung Immunfluoreszenz*	*Verdünnung Western Blot*	*Quelle/Referenz*
Gg α-Tubulin (DMA1α)	Maus	1:1000	-	Sigma Aldrich
Gg α-Tubulin-FITC (DMA1α)	Kaninchen	1:200	-	Sigma Aldrich
Hs POM121	Kaninchen	1:5000	1:5000	(Stavru *et al.*, 2006b)
Hs gp210	Kaninchen	1: 5000	1: 5000	(Stavru *et al.*, 2006b)
Mm POM121	Kaninchen	-	1:5000	(nicht publiziert, Nautrup-Pederson)
Mm gp210	Kaninchen	-	1:5000	(nicht publiziert, Nautrup-Pederson)
Mm gp210L	Kaninchen	-	1:5000	(nicht publiziert, Nautrup-Pederson)
Hs Exp7	Kaninchen	1:1000	1:7000	(Mingot *et al.*, 2004)
Hs Ran	Kaninchen	1:1000	-	(Görlich *et al.*, 1996)
Hs CRM1	Kaninchen	1:5000	1:5000	(Bohnsack *et al.*, 2002)
Hs Caspase 3 (*cleaved*)	Kaninchen	1:100	-	Cell Signaling

Tabelle 3: Sekundärantikörper.

Spezifität-Konjugat	*Wirt*	*Verdünnung*	*Quelle*
Maus-Alexa568	Ziege	1:500	Molecular Probes
Maus-Alexa488	Ziege	1:500	Molecular Probes
Maus-Alexa647	Ziege	1:250	Molecular Probes
Kaninchen-Alexa568	Ziege	1:500	Molecular Probes

Kaninchen-Alexa488	Ziege	1:500	Molecular Probes
Kaninchen-Alexa647	Ziege	1:250	Molecular Probes
Maus-IRDye800	Ziege	1:40000	LICOR Biosciences
Maus-IRDye680	Ziege	1:40000	LICOR Biosciences
Kaninchen-IRDye800	Ziege	1:40000	LICOR Biosciences
Kaninchen-IRDye680	Ziege	1:40000	LICOR Biosciences

2.1.9 Plasmide

Folgende Plasmide wurden für diese Arbeit benutzt bzw. generiert:

Tabelle 4: Plasmidübersicht.

Name	*Quelle*
pEGFP-N1 H2B GFP	G.Wahl, addgene, USA
pEF1α c – GFP	Clontech, USA
pQE-80 zzTEV *Hs* RhoGAP His6	(Mingot *et al.*, 2004)
pEF1α H2B GFP	kloniert mit pEFGP-N1-H2B GFP und pEF1α
pEF1α H2B GFP RhoGAP	kloniert mit pEF1α H2B GFP und PQE-80 zzTEV *hs* RhoGAP His6
pEF1α H2B GFP PKI-NES	kloniert mit pEF1α H2B GFP, PKI-NES (Güttler *et al.*, 2010)
pEF1α H2B GFP RhoGAP R282K	kloniert mit pEF1α H2B GFP RhoGAP
pBI4	(Weidenfeld *et al.*, 2009)
pBI-F3-mcs.loxP-F	(Weidenfeld *et al.*, 2009)
pCAGGS-Flpe	Gene Bridges, Heidelberg, Deutschland
pTet-tTS	Clontech, USA
pBI-F3miR-d1GFP-F	(Weidenfeld *et al.*, 2009)
pBI-F3 H2B GFP	kloniert mit pBI-F3-mcs.loxP-F, pBI4 und pEF1α H2B GFP
pBI-F3 H2B GFP RhoGAP	kloniert mit pBI-F3-mcs.loxP-F, pBI4 und pEF1α H2B GFP RhoGAP
pBI-F3 H2B GFP PKI-NES	kloniert mit pBI-F3-mcs.loxP-F, pBI4 und pEF1α H2B GFP PKI-NES
pBI-F3-H2B-GFP miR *Hs* Exp7 T4*	kloniert mit pBI-F3miR-d1GFP-F, pBI4 und Sequenz T4 (siehe unten)
pBI-F3-H2B-GFP miR *Hs* Exp7 3xT4TB*	kloniert mit pBI-F3miR-d1GFP-F, pBI4 und Sequenzen T4 und TB (siehe unten)

pBI-F3-H2B-GFP *Hs* miR Exp7 2x(3xT4TB)*	kloniert mit pBI-F3miR-d1GFP-F, pBI4 und Sequenzen T4 und TB (siehe unten)
pBI-F3-d1GFP-miR *Hs* Lamin A/C -F	(Weidenfeld *et al.*, 2009)
pBI-F3-H2B-GFP miR *Hs* Lamin A/C	kloniert mit pBI-F3 H2B GFP, pBI4 und pBI-F3miR Lamin A/C-d1GFP-F
v75 in vitro translation Vektor	nicht publiziert, Hülsmann
IRAVp968D564D	*Mm* Exp7 cDNA, imaGene, Deutschland
v75 *Mm* Exp7	kloniert mit v75 und IRAVp968D564D
v75 short *Mm* Exp7	PCR Mutagenese mit v75 ΔExon1 *Mm* Exp7
v75 ΔExon1 *Mm* Exp7	PCR Mutagenese mit v75 ΔExon1 *Mm* Exp7
v75 ΔExon1 *Mm* Exp7 G24C	PCR Mutagenese mit v75 ΔExon1 *Mm* Exp7
v75 ΔExon1 *Mm* Exp7 G52C	PCR Mutagenese mit v75 ΔExon1 *Mm* Exp7
v75 ΔExon1 *Mm* Exp7 G84C	PCR Mutagenese mit v75 ΔExon1 *Mm* Exp7
v75 ΔExon1 *Mm* Exp7 G132C	PCR Mutagenese mit v75 ΔExon1 *Mm* Exp7
v75 ΔExon1 *Mm* Exp7 G147C	PCR Mutagenese mit v75 ΔExon1 *Mm* Exp7
v75 ΔExon1 *Mm* Exp7 G183C	PCR Mutagenese mit v75 ΔExon1 *Mm* Exp7
v75 ΔExon1 *Mm* Exp7 G186C	PCR Mutagenese mit v75 ΔExon1 *Mm* Exp7
v75 ΔExon1 *Mm* Exp7 G213C	PCR Mutagenese mit v75 ΔExon1 *Mm* Exp7
v75 ΔExon1 *Mm* Exp7 G240C	PCR Mutagenese mit v75 ΔExon1 *Mm* Exp7
v75 ΔExon1 *Mm* Exp7 G270C	PCR Mutagenese mit v75 ΔExon1 *Mm* Exp7
v75 ΔExon1 *Mm* Exp7 G312C	PCR Mutagenese mit v75 ΔExon1 *Mm* Exp7
v75 ΔExon1 *Mm* Exp7 G333C	PCR Mutagenese mit v75 ΔExon1 *Mm* Exp7
v75 ΔExon1 *Mm* Exp7 G354C	PCR Mutagenese mit v75 ΔExon1 *Mm* Exp7
v75 ΔExon1 *Mm* Exp7 G423C	PCR Mutagenese mit v75 ΔExon1 *Mm* Exp7
v75 ΔExon1 *Mm* Exp7 T450C	PCR Mutagenese mit v75 ΔExon1 *Mm* Exp7
v75 ΔExon1 *Mm* Exp7 T462C	PCR Mutagenese mit v75 ΔExon1 *Mm* Exp7
v75 ΔExon1 *Mm* Exp7 T486C	PCR Mutagenese mit v75 ΔExon1 *Mm* Exp7
v75 ΔExon1 *Mm* Exp7 G558C	PCR Mutagenese mit v75 ΔExon1 *Mm* Exp7
v75 ΔExon1 *Mm* Exp7 G615C	PCR Mutagenese mit v75 ΔExon1 *Mm* Exp7
OCACo5052F047D	*Mm* RanBP17 cDNA, imaGene, Deutschland
v75 *Mm* RanBP17	kloniert mit v75 und OCACo5052F047D
pL253	(Liu, 2003)
pL452	(Liu, 2003)
pL451	(Liu, 2003)
BMQ_379H14	geneservice, Cambridge, GB

pL253 lox *Mm* Exp7 Exon1 FRT neo FRT lox	kloniert mit BMQ_379H14 (Liu, 2003)
BMQ_359D3	geneservice, Cambridge, GB
pL253 lox neo lox (Δ *Mm* gp210L Exon1)	kloniert mit BMQ_359D3 (Liu, 2003)
BMQ_ 252N19	geneservice, Cambridge, GB
pL253 lox neo lox (Δ *Mm* gp210 Exon1)	kloniert mit BMQ_252N19 (Liu, 2003)
BMQ_116N15	geneservice, Cambridge, GB
pL253 lox neo lox (Δ *Mm* POM121 Exon1+2)	kloniert mit BMQ_116N15 (Liu, 2003)
BMQ_36n06	geneservice, Cambridge, GB
pL253 lox *Mm* Exp6 Exon1 FRT neo FRT loxP	in Arbeit (kloniert mit BMQ_36n06 (Liu, 2003)

*miRNA-Oligos zur Klonierung mit pBI-F3miR-d1GFP-F (Weidenfeld *et al.*, 2009)

Exp7-T4 Oligos:

GCGAGTTATACAAGGCAGGTTATGGCCTGTGAAGCCACAGATGGGGCCATAACGCCTTGTATAA
TTATACAAGGCGTTATGGCCCCATCTGTGGCTTCACAGGCCATAACCTGCCTTGTATAACTCGC

Exp7-TB-Oligos:

GCGATGTACAGGTAGAGTCCAAGGACTGTGAAGCCACAGATGGGTCCTTGGACTCTACCTGTACA
TGTACAGGTAGAGTCCAAGGACCCATCTGTGGCTTCACAGTCCTTGGACTCTACCTGTACATCGC

2.1.10 RNAi-Oligosequenzen

Stealth RNAi Oligos (sense und antisense Oligos) wurden mit dem RNAi-Designer von Invitrogen (https://rnaidesigner.invitrogen.com/rnaiexpress/Stealth_intro.htm) entworfen und von Invitrogen (Karlsruhe, Deutschland) synthetisiert.

Tabelle 5: siRNA-Oligos.

Name	*Sequenz/Referenz*
siExp7$^{1031-1055}$	CCAAGUUUCUCUCUCAUCUUGUUGA
siExp7$^{2663-2687}$	GGAGUUACGUCAAUUUCGGAGUCUU
siPOM121$^{1389-1409}$	AUAAGAGAUCCCGAAGCUCUUCC (Stavru *et al.*, 2006b)

2.1.11 Primer zur Genotypisierung der Mauslinien

2.1.11.1 Genotypisierung der Exp7-KO Mauslinien

A) PCR-Primer

Exp7 01 fwd	GCAGGTATCCCAGGTAGGAGGTCTT
Exp7 02 rev	CGCCATTTTGCTCCATTCATGCTCCTC
Exp7 03 rev	TCCCGGCCTGTGTTATTCTATAAGGACC

B) Southern Blot-Sonden-Primer

SpeI-Sonde

Exp7 04 fwd	GCCTATCTCACAAGCCAAACAAAACA
Exp7 05 rev	TCAAGATTGCTAGGCATATGGGAT

BamHI-Sonde

Exp7 06 fwd	ATAGTCTAAAAGGAGCTAGAA
Exp7 07 rev	TTGAGAGGACTCTTCTTGA

2.1.11.2 Genotypisierung der gp210L-KO-Mauslinien

A) PCR-Primer

gp210L 01 fwd	GCTCCTTGGGTCTCTGCTCGAA
gp210L 02 rev	CTCTCACTTCACCTGATTCCGTTTC

B) Southern Blot-Sonden-Primer

XbaI-Sonde

gp210L 03 fwd	TGTCTGAAAGAAAGAAGTGAAGA
gp210L 04 rev	AACTTTTATTTTGAGGCAGGATC

2.1.11.3 Genotypisierung der gp210-KO-Mauslinien

A) PCR-Primer

gp210 01 fwd	CGCGGCCGCCAAGCTTAACATTCC
gp210 02 rev	CCAGTCAGGCGCCAGGGGTGAGTCC

B) Southern Blot-Sonden-Primer

gp210 03 fwd	GTAGAGACTACCTCACTTCAATG
gp210 04 rev	ATAGGTGATCCAGCAAAACTCAC

2.1.11.4 Genotypisierung der POM121-KO-Mauslinien

A) PCR-Primer

POM121 01 fwd	ATATCCCATTCAGCAAGCCCAGTATTCC
POM121 02 rev	CTACAGGTCAGGCATGGTGGCGTGAG

B) Southern Blot-Sonden-Primer

POM121 03 fwd	TGCTTTCAGGTGTACTGCCCA
POM121 04 rev	ACCACTACAGCCACATCAGCT

2.1.11.5 Weitere Primer zur Genotypisierung

neo fwd	ATGGGATCGGCCATTGAACAAGA
neo rev	AAGAACTCGTCAAGAAGGCGATA

Cre fwd	ATGCTTCTGTCCGTTTGCCG
Cre rev	CCTGTTTTGCACGTTCACCG

2.1.12 *E. coli*-Stämme

Tabelle 6: E. coli-Stämme.

E. coli Stamm	*Genotyp*	*Firma/Referenz*
TOP10F'	F'(lac^{Q}, Tn10 Tet^{R}) mcrA Δ(mrr-hsdRMS-mcrBC), 80lacZΔM15 ΔlacX74, deoR, recA1, araD139 (ara-leu) 7679, galU,galK, rpsL (Str R) endA1, nupG	Invitrogen, Karlsruhe
BLR	F- ompT hsdSB(rB- mB-) gal dcm Δ(srl-recA)306::Tn10 (TetR)	Invitrogen, Karlsruhe

SW102	F- mcrA Δ(mrr-hsdRMS-mcrBC) Φ80dlacZ M15 ΔlacX74 deoR recA1 endA1 araD139 Δ(ara, leu) 7649 galU rspL nupG [λcI857 (cro-bioA) <> tet]	(Liu, 2003)
SW106	F- mcrA Δ(mrr-hsdRMS-mcrBC) Φ80dlacZ M15 ΔlacX74 deoR recA1 endA1 araD139 Δ(ara, leu) 7649 galU rspL nupG [(cro-bioA) <> araC-PBADcre]	(Liu, 2003)

2.1.13 Säugerzelllinien

Tabelle 7: Säugerzelllinien.

Name	*Ursprung*
HeLa	Zervixkarzinom (*Hs*)
HeLa-EM2-11ht	HeLa-Abkömmling (Weidenfeld *et al.*, 2009)
HeLa-EM2-11-H2B-GFP	diese Studie, abstammend von HeLa-EM2-11ht
HeLa-EM2-11-H2B-GFP-RhoGAP	diese Studie, abstammend von HeLa-EM2-11ht
HeLa-EM2-11-H2B-GFP-RhoGAP R282K	diese Studie, abstammend von HeLa-EM2-11ht
HeLa-EM2-11-H2B-GFP-PKI-NES	diese Studie, abstammend von HeLa-EM2-11ht
HeLa-EM2-11-H2B-GFP + miR Lamin A/C	diese Studie, abstammend von HeLa-EM2-11ht
HeLa-EM2-11-H2B-GFP + miRExp7 T4	diese Studie, abstammend von HeLa-EM2-11ht
HeLa-EM2-11-H2B-GFP + miRExp7 3xT4TB	diese Studie, abstammend von HeLa-EM2-11ht
HeLa-EM2-11-H2B-GFP + miRExp7 2x(3xT4TB)	diese Studie, abstammend von HeLa-EM2-11ht
HEK293T	embryonale Niere (*Hs*)
MEF Exp7 ko (Sv129)	embryonale Fibroblasten (*Mm*)

MEF (CD1)	embryonale Fibroblasten (*Mm*)
MPI-BTL2 (Sv129)	embryonale Stammzellen(*Mm*)

2.1.14 Mauslinien

Folgende Mauslinien wurden für diese Arbeit verwendet:

129/SvBTL (BTL, MPI für biohysikalische Chemie, Göttingen, Deutschland)
CrlICr:CD1 (BTL, MPI für biohysikalische Chemie, Göttingen, Deutschland)
B6.C-Tg(CMV-cre)1Cgn/J) (The Jackson Laboratory, USA, (Schwenk *et al.*, 1995))
129S4/SvJaeSor-Gt(ROSA)26Sortm1(FLP1)Dym/J (The Jackson Laboratory, USA, (Farley *et al.*, 2000))

Folgende Mauslinien wurden für diese Arbeit hergestellt:

129Sv.129SvMPI2 Exp7(loxPExon1FRTneoFRTloxP)tmDG-208
129Sv.129SvMPI2 Exp7(loxPExon1FRTneoFRTloxP)tmDG-231
CD1.129SvBTLMPI2(loxPExon1FRTneoFRTloxP)tmDG-208
CD1.129SvBTLMPI2(loxPExon1FRTneoFRTloxP)tmDG-231
129SvBTLMPI2 Exp7(loxPExon1loxP)tmDG
129Sv Exp7(loxPExon1loxP)tmDG
CD1.129Sv Exp7(loxPExon1loxP)tmDG
B6N.129Sv Exp7KO (loxP)tmDG

129Sv.129SvBTLMPI2 gp210L(loxPneoloxP)tmDG-93
CD1.129SvBTLMPI2 gp210L(loxPneoloxP)tmDG-93

129Sv.129SvBTLMPI2 gp210(loxPneoloxP)tmDG-111
129Sv.129SvBTLMPI2 gp210(loxPneoloxP)tmDG-229
CD1.129SvBTLMPI2 gp210(loxPneoloxP)tmDG-111
CD1.129SvBTLMPI2 gp210(loxPneoloxP)tmDG-229
B6N.129Sv gp210 KO (loxP)tmDG

129Sv.129SvBTLMPI2 POM121(loxPneoloxP)tmDG-136
CD1.129SvBTLMPI2 POM121(loxPneoloxP)tmDG-136

2.2 Molekularbiologische Methoden

Folgende Methoden wurden entsprechend des Laborhandbuches von Sambrook und Russel (Sambrook und Russell, 2000) durchgeführt:

Herstellung elektrokompetenter *E. coli*
Transformation von *E. coli* mit Plasmiden
Plasmidpräparation aus *E. coli*
Hydrolytische Restriktion der DNA durch Restriktionsenzyme
Agarose-DNA-Gel-Elektrophorese und Aufbereitung der DNA aus dem Gel
Ligation von DNA-Fragmenten durch T4-DNA-Ligase

Alle klonierten Plasmide wurden von GATC (Konstanz, Deutschland) oder SeqLab (Göttingen, Deutschland) sequenziert.

2.2.1 Polymerase-Ketten-Reaktion (PCR)

2.2.1.1 PCR-Ansatz zur Amplifikation von DNA zwecks Klonierung

20-50 ng Template-DNA
1 µM fwd Primer
1 µM rev Primer
1x PfuS- Puffer
250 µM dNTPs
1-2% DMSO
1% PfuS-Polymerase-Triple-Mix
ad 100 µl dH_2O

2.2.1.2 PCR-Ansatz zur Amplifikation von DNA zwecks Genotypisierung von Mäusen

0.5-1 µl genomische DNA (siehe 2.2.3)

1 µM fwd Primer

1 µM rev Primer

1x PfuS-Puffer

250 µM dNTPs

1% DMSO

1 M Betain

2 mM $MgCl_2$

1% PfuS-Polymerase-Triple-Mix

ad 25 µl dH_2O

Programm für die Ansätze 2.2.1.1 und 2.2.1.2

1x	99°C	5 Minuten	initiale Denaturierung
30x	99°C	30 Sekunden	Denaturierung
	49-67°C	30 Sekunden	Annealing
	68°C	1-5 Minuten	Elongation (3 kb/min)
1x	68°C	5 Minuten	finale Elongation

PCR-Produkte wurden über Agarose-DNA-Gel-Elektrophorese aufgetrennt und detektiert. Banden korrekter Größe wurden aus dem Gel ausgeschnitten und aufgereinigt.

2.2.2 Mutagenese-PCR

PCR-Primer wurden zur vollständigen Amplifikation des zu mutierenden Plasmids entworfen und enthielten im 5' Ende die einzufügende(n) Mutation(en). Mutagenese-PCR-Ansatz und -Programm sind in 2.2.1.1 beschrieben. Anschließend wurden 100 µl Ansatz mit 200 µl Isopropanol gemischt und bei 13000 rpm zentrifugiert. Sämtlicher Überstand wurde abgenommen und das Pellet in 88 µl dH_2O gelöst. Anschließend erfolgte der DpnI-Verdau der Template-DNA durch Zugabe des Enzyms sowie 10 µl NEB4 für zwei Stunden bei 37°C. Nach Agarose-DNA-Gel-

Elektrophorese erfolgte die Aufreinigung des PCR-Produktes. Die Phosphorylierung und anschließende Ligation des linearen PCR-Produktes wurde mit folgendem Ansatz bei 37°C für eine Stunde durchgeführt:

20 ng/kb PCR-Produkt
1 µl 10x Ligase-Puffer
0.5 µl T4-PNK
0.5 µl T4-DNA-Ligase
ad 10 µl dH_2O.

1 µl Ligationsansatz wurden in 45 µl elektrokompetente TOP10F' (2.1.12) transformiert und entsprechend der Resistenz des Plasmids auf selektivem Medium ausplattiert.

2.2.3 Herstellung von Maus-KO-Targetvektoren/*Recombineering*

Bei der Klonierung der KO-Targetvektoren zur Herstellung transgener Mäuse (2.1.14) wurde nach Protokoll (http://web.ncifcrf.gov/research/brb/protocal.aspx) von Søren Warming sowie nach Liu et al. (Copeland *et al.*, 2001; Liu, 2003) vorgegangen. Für die Elektroporation in *Mm* ES-Zellen wurden die Plasmide durch NotI Verdau linearisiert.

2.2.4 Southern Blot

Für die Präparation genomischer DNA wurden entweder 1 cm Mausschwanzspitze oder $2x10^5$ ES-Zellen in 500 µl Lysepuffer (DNA) bei 56°C über Nacht verdaut. Bei Verwendung von Mausschwanzspitzen wurden unverdaute Anteile (Haare) durch Zentrifugation bei 13000 rpm für 15 Minuten entfernt. Der entstehende Überstand wurde zur weiteren Präparation abgenommen. DNA-Fällung erfolgte durch Zugabe von 500 µl Isopropanol. Mit Hilfe einer Pipettenspitze wurde der entstehende DNA-Faden in ein neues Reaktionsgefäß, mit 1 ml 70% Ethanol gefüllt, überführt. Nach Zentrifugation bei 13000 rpm für fünf Minuten wurde sämtlicher Überstand entfernt und das getrocknete Pellet in 70 µl 10% TE gelöst. 20 µl genomische DNA wurden mit entsprechendem Enzym (100 U XbaI, 50 U BamHI, 25 U SpeI, 100 U EcoRV) im 50 µl Ansatz verdaut und in einem 0.5% Agarose-Gel mit der GeneRuler 1kb Plus DNA-Leiter (Fermentas, St-Leon-Rot, Deutschland) aufgetrennt durch Agarose-

DNA-Gel-Elektrophorese. DNA-Fragmente wurden durch zehnminütige Inkubation mit 0.25 M HCl-Lösung, je 30 Minuten Inkubation mit Denaturierungs- und Neutralisierungslösung alkalisch aufgetrennt. Per Kapillarblot über Nacht wurden die DNA-Fragmente auf GeneScreen Hybridisation Transfer Membranen übertragen. Nach dem Crosslinken, durch Backen für zwei Stunden bei 80°C und 30 Sekunden UV-Licht-Behandlung, wurden die Membranen mit radioaktiv-markierten Sonden (nach Protokoll des Amersham Rediprime II DNA Labeling Systems mit α-^{32}P-dCTP hergestellt) in Hybridisierungslösung bei 60°C rollend im Hybridisierungsofen über Nacht inkubiert. Anschließend wurden die Membranen mit Waschlösung gewaschen. Die Detektion erfolgte mit Hilfe des Typhoon FLA 7000 Systems.

2.3 Proteinbiochemische Methoden

2.3.1 Lyse und Aufbereitung von Zellen und Gewebe

2.3.1.1 Zelllyse

Konfluente Zellen wurden mit D-PBS gewaschen und anschließend in 100 µl Zell-lysispuffer pro $5x10^5$ Zellen lysiert. Genomische DNA wurde durch Zugabe von Benzonase Nuklease (5 U/100 µl Probenvolumen) verdaut.

2.3.1.2 Gewebeaufbereitung

Die Maus wurde durch Genickbruch oder Zugabe von CO_2 getötet. Alle entnommenen Gewebe wurden sofort in flüssigem Stickstoff eingefroren. Der Aufschluss erfolgte im fünffachen Volumen nativen Gewebelysepuffers mit Hilfe des SilentCrushers (26000 rpm, 20 Sekunden) bei 4°C. Nicht aufgeschlossene Gewebe-teile wurden bei 4°C und 13000 rpm abzentrifugiert. Die Proteinkonzentration wurde mit dem Nanodrop bestimmt (Absorption bei 280 nm). Nach Zugabe von 250 mM Sucrose wurden die Proben in flüssigem Stickstoff eingefroren und bei -80°C gelagert. Für die Auftrennung mittels SDS-Protein-Elektrophorese (2.3.2) wurden die Proben mit SDS-Probenpuffer versetzt und auf eine Konzentration von 2-5 µg/µl Protein eingestellt.

2.3.2 SDS-Protein-Elektrophorese

Die SDS-Polyacrylamid-Gel-Elektrophorese (PAGE) wurde zur Auftrennung von Proteinen aus Zell- und Gewebelysaten (2.3.1) verwendet (Raymond und Weintraub, 1959). 10 µl Probe in Zelllysispuffer ($5x10^4$ Zellen) oder in SDS-Probenpuffer (20-50 µg Protein) wurden pro Spur geladen und in 8-12% Polyacrylamidgelen (siehe Tabelle 8) bei 50 mA für eine Stunde in Elektrophorese-Puffer aufgetrennt. Die Gele wurden anschließend mit Coomassie-Färbelösung gefärbt und mit Wasser entfärbt oder ungefärbt für den Western Blot verwendet.

Tabelle 8: Elektrophorese-Gelsysteme.

	Abschlussgel	*Trenngel*	*Sammelgel*
30% (w/v) Acrylamid/ Bisacrylamid (5:1)	15% (w/v)	8-12% (w/v)	4.5% (w/v)
Tris-HCl pH 8.8	400 mM	400 mM	-
Tris-HCl pH 6.8	-	-	75 mM
SDS	0.1% (w/v)	0.1% (w/v)	0.1% (w/v)
APS	0.12% (w/v)	0.12% (w/v)	0.12% (w/v)
TEMED	0.15% (w/v)	0.15% (w/v)	0.15% (w/v)

2.3.3 Western Blot

Nach Auftrennung der Proben mittels PAGE wurde das Gel in Elektrophorese-Puffer + 20% Methanol äquilibriert und die Proteine mit Elektrophorese-Puffer + 20% Methanol bei 50 mA und 4°C über Nacht auf eine Nitrozellulose-Membran (Protran^R 0.2 µm, Schleicher und Schuell) übertragen. Anschließend wurden die Membranen zur möglichen Dokumentation mit Ponceau S-Lösung für eine Minute gefärbt. Die Membranen wurden mit 1xTB gewaschen und für 30 Minuten mit 1xTB + 5% Magermilchpulver (Blocklösung) zum Blockieren unspezifischer Bindungsstellen behandelt. Inkubation des Primärantikörpers (Tabelle 2) erfolgte in Blocklösung + 0.05% NaN_3 über Nacht bei 4°C. Nach dreimaligem Waschen mit 1xTB für je zehn Minuten, Inkubation des Sekundärantikörpers (Kaninchen/Maus-IRDye800/680, Tabelle 3) in Blocklösung für 45 Minuten sowie erneutem dreimaligen Waschen mit 1xTB, erfolgte die Detektion der Proteinbanden auf getrockneter Membran mit dem LICOR Odyssey Imaging System.

2.3.4 Anreicherung nukleärer Transportrezeptoren

Aufgrund der Fähigkeit von nukleären Transportrezeptoren zur Bindung an Phenyl-Sepharose (Ribbeck und Görlich, 2002) konnten diese aus nativen Gewebelysaten (2.3.1.2) oder aus *in vitro*-Translationsreaktionen (2.3.9) angereichert werden. Für 200 µl Lysat oder 10 µl *in vitro*-Translationsansatz in 200 µl Bindungspuffer wurden 10 µl Phenyl-Sepharose 6 Fast Flow (Amersham Biosciences AB, Uppsala, Schweden) mit Gewebelyse- oder Bindungspuffer gewaschen und für eine Stunde in Mobicols (MoBiTec, Göttingen, Deutschland) bei 4°C mit Lysat oder Translat rollend inkubiert. Nach Abzentrifugieren des Durchflusses bei 1500 rpm für eine Minute wurden gebundene Proteine mit SDS-Probenpuffer in zwei Schritten à 50 µl eluiert. 10 µl Eluat wurden für die Auftrennung mit PAGE verwendet.

2.3.5 Immunfluoreszenz

Zellen wurden auf Glasplättchen für mindestens vier Stunden oder über Nacht ausgesät (2.4.1), mit 37°C warmem 1xPBS + 0.4% Glukose gewaschen und mit 37°C warmem 3% Paraformaldehyd (PFA) für ein bis zwei Minuten fixiert. Die Reaktion wurde nach kurzem Waschen in 1xPBS durch fünfminütige Inkubation mit 50 mM NH_4Cl in 1xPBS gestoppt. Der Aufschluss der Zellen erfolgte nach erneutem Waschen für vier Minuten in -20°C kaltem Methanol (Exportin 7, α-Tubulin) oder für fünf Minuten in 0.3% Triton-X-100 in 1xPBS. Für 30 Minuten wurden die Proben mit Blocklösung (2% BSA, 0.1% Triton-X-100 in 1xPBS), anschließend mit Primär-antikörpern in Blocklösung (Tabelle 2) für ein bis vier Stunden inkubiert. Die Proben wurden dreimal mit 1xPBS gewaschen und für 30 Minuten mit Sekundärantikörpern (Kaninchen-/Maus-Alexa-Konjugate, Tabelle 3) sowie 0.1 µg/ml DAPI zur Zellkern-färbung inkubiert. Nach erneutem Waschen mit 1xPBS wurden die Proben mit 3% PFA für zwei Minuten nachfixiert und auf Glas-Objektträgern in VectaShield (Vector Laboratories) eingedeckelt. Die mikroskopische Auswertung und Dokumentation erfolgte mit Hilfe des Leica TCS SP5 Laser-Scanner-Mikroskops. Alle Bilder wurden mit dem Leica TCX PL APO 63x NA 1.4 Öl-Objektiv aufgenommen.

2.3.6 Immunhistologie

Die PFA-Perfusion von Mäusen erfolgte in Kooperation mit dem Tierhaus „Biotechnisches Labor" (MPI für biophysikalische Chemie, Göttingen) unter der Leitung von Dr. U. Teichmann. Den Mäusen wurden zur Hemmung der Blutgerinnung fünf Einheiten Heparin-Natrium sowie zur Anästhesie 0.8 bis 1 ml Avertin-Lösung intraperitoneal injiziert. Unter Narkose wurde der Brustkorb geöffnet. In die linke Herzkammer wurde eine Kanüle gestochen, der rechte Vorhof wurde durch einen kleinen Schnitt geöffnet. Durch die Kanüle wurde mittels einer Miniperistaltikpumpe 37°C warmes 1xPBS + 0.4% Glukose gepumpt bis die aus dem rechten Vorhof austretende Flüssigkeit klar wurde (nach etwa fünf Minuten). Anschließend erfolgte die Perfusion mit 37°C warmem 4% PFA in 1xPBS für 25 Minuten. Zur Wassersubstitution vor dem Einfrieren des Gewebes wurde das Tier zusätzlich für 25 Minuten mit 37°C warmer Zuckerlösung (10% Sucrose, 10% Sorbitol, 10% Glycerin in 1xPBS) perfundiert. Anschließend wurden die Organe entnommen und sofort in durch flüssigen Stickstoff gekühltes Isopentan eingefroren und bis zur weiteren Verarbeitung bei -80°C gelagert.
Das gefrorene Gewebe wurde in Tissue-TEK (Electron Microscopy Sciences, USA) eingebettet. Mit dem Kryostat Leica CM 1900 wurden zur sofortigen Verwendung 8 µM dicke Schnitte auf SuperFrost-Objektträgern (Thermo Scientific, Deutschland) angefertigt. Nach kurzem Trocknen der Präparate wurden diese in 1xPBS gewaschen und mit 0.2% Triton-X-100 in 1xPBS für fünf Minuten aufgeschlossen. Ab der folgenden Inkubation mit Blocklösung gleicht das Protokoll der in 2.3.5 beschrieben Vorgehensweise. Zellkerne wurden hier jedoch mit 20 µM des DNA-Farbstoffes Hoechst 33342 angefärbt.

2.3.7 Pathohistologische Begutachtung von Geweben

Mäuse wurden durch Genickbruch oder durch CO_2-Zufuhr getötet. Die Organe (Leber, Milz, Pankreas, Magen-Darm-Trakt, Blase, Niere, Gonaden, Herz, Lunge, Thymus, Gehirn, Auge, Haut) wurden sofort nach der Entnahme in 3.7% Formaldehyd eingelegt und von der Tiermedizinischen Hochschule Hannover (Institut für Pathologie, Diagnostik) pathohistologisch untersucht.

2.3.8 Genetische und Histologische Analyse von Mausembryonen

Trächtige Weibchen wurden dpc 10.5 sowie dpc 12.5 durch Genickbruch getötet. Der Uterus wurde entnommen und in 1xPBS auf Eis gewaschen. Unter dem Leica M165C Mikroskop wurden einzelne Embryonen präpariert, wobei die äußere Membranhülle in 300 µl Lysepuffer (DNA) überführt und zur Präparation genomischer DNA für anschließende Southern Blots verwendet wurde (2.2.4). Der Embryo wurde in 4% PFA konserviert und von der Tiermedizinischen Hochschule Hannover (Institut für Pathologie, Diagnostik) histologisch untersucht.

2.3.9 *in vitro*-Translation

Die Expression rekombinanter Proteine (*Mm* Exp7-Varianten sowie *Mm* RanBP17 in v75 Vektoren, siehe Tabelle 4) wurde nach Protokoll des Herstellers mit den Kits „TNT Coupled Reticulocyte Lysate Systems" sowie „Wheat Germ Extract" der Firma Promega im 10 µl-Ansatz durchgeführt. Zur radioaktiven Markierung der synthetisierten Proteine wurde ^{35}S-Methionin (PerkinElmer) verwendet. Zur Verwendung in Bindungsversuchen wurden die Proben in 200 µl Bindungspuffer aufgenommen. Zur Fällung der Proteine wurden 10 µl Translat mit 40 µl 1xPBS sowie 100 µl gesättigter NH_4SO_4-Lösung vermischt und über Nacht bei 4°C inkubiert. Nach einer Stunde Zentrifugation bei 14000 rpm und 4°C wurde der Überstand vollständig verworfen und das Pellet in 100 µl SDS-Probenpuffer aufgenommen. 10 µl Probe wurden über PAGE aufgetrennt, das Gel getrocknet und die radioaktiv-markierten Proteine mit Hilfe des Typhoon FLA 7000 Systems detektiert.

2.3.10 Bindungsversuche

20 µg IgG-Sepharose 6 Fast Flow (GE Healthcare, USA) wurden erst mit 0.1 M Glycin pH 2.2, dann dreimal mit Bindungspuffer gewaschen und in 1 ml Bindungs-puffer resuspendiert. Nach Zugabe von 25 nMolen rekombinantem H10zzTEV-*Hs* RanQ69L (Kutay *et al.*, 1997), in 50 mM Tris pH 7.5, 200 mM NaCl, 2 mM $Mg(OAc)_2$, 1 mM EDTA, 200 mM Imidazol, 250 mM Sucrose, erfolgte die Immobilisierung drehend bei 4°C für eine Stunde. Zusammen mit 10 µl *in vitro* Translationsansatz in 200 µl Bindungspuffer (2.3.9) wurden 20 µg dieser IgG-

Sepharose in Mobicols (MoBiTec, Göttingen, Deutschland) für zwei Stunden bei 4°C inkubiert. Nach dreimaligem Waschen mit Bindungspuffer wurden die gebunden Proteine mit SDS-Probenpuffer in zwei Schritten à 50 µl eluiert.

2.3.11 RNA-Isolation und Reverse Transkriptase-PCR

Aus 0.25 ml Gewebelysat (siehe 2.3.1) wurden mit 0.75 ml peqGOLD RNAPure (peqlab, Erlangen, Deutschland) nach Protokoll des Herstellers 10 bis 200 µg Total-RNA gewonnen. Mit dem CapFishing Full Length cDNA Premix Kit (Seegene, Rockville, USA) sowie der SuperScriptII Reverse Transcriptase (Invitrogen, Karlsruhe Deutschland) wurde nach Packungsanleitung der Hersteller Exp7 cDNA mit vollständigem 5'-Ende amplifiziert. Als Rückwärtsprimer wurde ein Primer mit der Sequenz CAAATTGGAGTCGCTGAGATC verwendet. In anschließender 5'RACE-PCR (siehe CapFishing Full Length cDNA Premix Kit-Protokoll) wurde diese cDNA amplifiziert. Dazu wurde der Rückwärtsprimer TGGTACCAGAGCTCAATTGCC benutzt. Die Sequenzierung erfolgte durch die Firma Seqlab (Göttingen, Deutschland).

2.4 Methoden der Zellkultur

2.4 1 Kultivierung von Säugerzelllinien

Alle Zelllinien wurden bei 37°C und 5% CO_2 in DMEM + 4.5 g/l Glukose, 10% FCS sowie 50 Einheiten/ml Penicillin und 50 µg/ml Streptomycin kultiviert. Für die Kultivierung von MEFs und 129SvBTL-MPI2-ES-Zellen wurde auf die Zugabe von Penicillin und Streptomycin verzichtet. Für ES-Zellen, die auf einer Schicht mit 50 µg/ml Mitomycin C inaktivierter MEFs wuchsen (Freshney, 2005), wurde das Kulturmedium zusätzlich mit 10 mM Pyruvat, 20 mM Glutamin, 1x NEAA, 0.2 Einheiten/ml LIF sowie zusätzlichen 10% FCS versetzt. Zur Passagierung aller verwendeter Zelllinien wurden diese erst mit D-PBS gewaschen, anschließend mit Trypsin/EDTA-Lösung bedeckt und für zwei bis fünf Minuten bei 37°C inkubiert. Die abgelösten Zellen wurden in ein bis zwei ml Medium resuspendiert und je nach Wachstumsgeschwindigkeit in Verhältnissen von 1:2 bis 1:10 passagiert.

2.4.2 Kryokonservierung von Säugerzelllinien

Die durch Trypsin/EDTA-Behandlung (2.4.1) abgelösten und in D-PBS resuspendierten Zellen wurden bei 2000 rpm für fünf Minuten zentrifugiert, nach Abnahme des Überstandes in Kryomedium ($3x10^6$ Zellen in 800 µl) aufgenommen und in Kryoröhrchen überführt. Nach Abkühlen auf -80°C wurden die Zellen in flüssigem Stickstoff gelagert. Zur Reaktivierung der Zellkulturen wurden die Proben rasch bei 37°C aufgetaut und in 60 mm Schalen, gefüllt mit 5 ml Kulturmedium, überführt und bei 37°C, 5% CO_2 inkubiert. Nach fünf Stunden erfolgte ein Mediumwechsel.

2.4.3 Lipophile Transfektion von Säugerzelllinien

Die Transfektion von Plasmiden in HeLa-Zellen erfolgte mit den Transfektionsreagenzien Lipofectamine 2000 oder jetPEI nach Protokoll der Hersteller.
Die Transfektion von 10 nM siRNA (Stealth-siRNA, 2.1.10) erfolgte mit den Transfektionsreagenzien Interferin oder HiPerfect nach Protokoll der Hersteller.

2.4.4 Herstellung stabiler Säugerzelllinien

Die stabile Integration der Expressionskassetten der pBI-F3-Plasmide (siehe Tabelle 4) in HeLa-EM2-11ht erfolgte wie in Weidenfeld et al. (Weidenfeld *et al.*, 2009) beschrieben. Die Expression dieser Kassetten ist aufgrund eines Tetrazyklin-abhängigen Promoters abhängig von Doxycyclin (Weidenfeld *et al.*, 2009). Da wenige Stunden nach der Transfektion eine Expression der Kassetten ohne Doxycyclin aufgrund der hohen Plasmidkopienzahl pro Zelle zu detektieren war, wurde zusätzlich das Plasmid pTet-tTS in äquimolaren Mengen transfiziert. Dieses kodiert für einen Tet-Repressor, der diese unspezifische Expression unterdrückt (Witzgall *et al.*, 1994; Freundlieb *et al.*, 1997).

2.4.5 Isolation von Fibroblasten aus Mausembryonen

Eine trächtige (dpc 13.5) Maus wurde durch Genickbruch getötet. Die anschließende Gewinnung embryonaler Fibroblasten (MEFs) erfolgte nach dem Laborhandbuch „Manipulating the Mouse Embryo“ von Nagy (Nagy *et al.*, 2003) in Kooperation mit der Abteilung Gruss (AG Mansouri, MPI für biophysikalische Chemie, Göttingen). MEFs konnten bis zu vier Passagen (2.4.1) in Kultur gehalten werden und wurden wie in 2.4.2 beschrieben nach erster Passagierung kryokonserviert.

2.5 Experimente mit Versuchstieren

2.5.1 Versuchstierhaltung

Die Versuchstiere wurden im Tierhaus "Biotechnisches Labor" (MPI für biophysikalische Chemie, Göttingen, Deutschland) unter standardisierten Bedingungen entsprechend den Empfehlungen der Gesellschaft für Versuchstierkunde "Tiergerechte Haltung: Labormäuse" gezüchtet. Es wurden konstante 55% Luftfeuchtigkeit und eine Raumtemperatur von 21°C bei einem Licht-Dunkel-Rhythmus von 12/12 Stunden eingehalten. Die Mäuse erhielten ad libitum Zugang zu Zuchtfutter und Wasser und lebten in Gruppenhaltung in Polysulfon-Käfigen. Es wurde eine Chip-Einstreu aus Espenholz und Nestbaumaterial aus Papierstreifen verwendet. Alle Materialien wurden vor der Verwendung im Tierbereich autoklaviert. Die Hygienekontrolle erfolgte im Abstand von vier Monaten entsprechend den Richtlinien der FELASA (Lab Animals (2002) 36, 20-42). In der Tierhaltung wurden regelmäßig Antikörper gegen P. pneumotropica und murines Norovirus nachgewiesen. Die Erstellung der transgenen Mäuse wurde gemäß § 8 Abs. 1 TSchG unter dem Aktenzeichen 33.14-42502-04-101/08 durch das Niedersächsische Landesamt für Verbraucherschutz und Lebensmittelsicherheit genehmigt. Die Betreuung der Tiere erfolgte durch ausgebildete Tierpfleger der Fachrichtung Forschung und Klinik.

2.5.2 Herstellung transgener Mauslinien

Elektoporation der linearisierten KO-Targetvektoren (2.2.4) in 129SvBTL-MPI2-ES-Zellen, Isolation von ES-Zellkolonien nach Selektion mit 2 µM Gancyclovir und 250 µg/µl G418, Kryokonservierung sowie Aggregation von erfolgreich rekombinierten ES-Zellen (Nachweis durch Southern Blot, 2.2.3) mit 129Sv-Wildtyp-Blastozysten wurden wie im Laborhandbuch „Manipulating the Mouse Embryo" von Nagy (Nagy *et al.*, 2003) in Kooperation mit der Abteilung Gruss (AG Mansouri,

MPI für biophysikalische Chemie, Göttingen) sowie mit Hilfe von Jens Krull (AG Görlich, MPI für biophysikalische Chemie, Göttingen) durchgeführt.

2.5.3 Blutuntersuchung

Zur Erstellung eines Differentialblutbildes wurde der Maus durch Punktion des Augenvenengeflechts (Plexus ophthalmicus) mit EDTA-beschichteten Kapillaren (Sarstedt, Nümbrecht, Deutschland) 250-500 µl Blut abgenommen und dieses in EDTA-beschichtete Blutentnahme-Röhrchen (Sarstedt, Nümbrecht, Deutschland) überführt. Die Maus wurde hierfür kurzzeitig durch gasförmige Verabreichung von Isofluoran anästhesiert. Die Analyse der Blutproben erfolgte durch preclinics (Gesellschaft für präklinische Forschung, Potsdam, Deutschland).

3. Ergebnisse I - Untersuchung der Funktionen der nukleären Exportrezeptoren Exp7 und Exp6

3.1 Funktion von Exportin 7 in humanen Zellen

Der nukleäre Exportrezeptor Exp7 ist für den Export der zytoplasmatischen Proteine p50RhoGAP und 14-3-3σ aus dem Zellkern verantwortlich (Mingot *et al.*, 2004). Bindungsversuche mit immobilisiertem Exp7 zeigten eine RanGTP-abhängige Bindung weiterer Proteine aus humanen Zellextrakten ((Mingot *et al.*, 2004), Abbildung 3A).

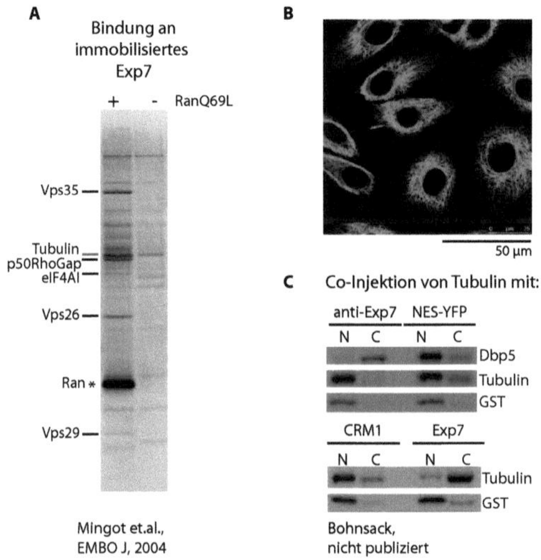

Abbildung 3: Exp7-Substratkanditaten.
A) Bindungsversuche mit HeLa-Zellextrakten an immobilisiertes Exp7 zeigten RanGTP-abhängige Bindung möglicher Substrate (in rot: nicht publiziert). **B**) Immunfluoreszenz von HeLa-Zellen demonstrierte die exklusiv zytoplasmatische Lokalisation von α -Tubulin in nicht-mitotischen Zellen. **C**) ^{35}S-Met-markiertes Tubulin, mikroinjiziert in den Zellkern von *Xenopus* Oozyten, wurde ins Zytoplasma exportiert. Dieser Export kann durch Exp7-Antikörper inhibiert werden, nicht aber durch einen Kompetitor des CRM1-abhängigen Kernexports (NES-YFP). Als Kontrolle ist der CRM1-abhängige Export von Dbp5 (*Dead-Box RNA Helicase 5*) zu sehen. Export von ^{35}S-Met-markiertem Tubulin wurde stimuliert durch Co-Injektion von exogenem Exp7, nicht aber CRM1 (Bohnsack, nicht publiziert). Die verwendete Methode ist in Mingot et al., 2004 beschrieben.

Um festzustellen, welche dieser Bindungspartner Exp7 auch aus dem Zellkern exportiert, sollte die Auswirkung einer Limitation von Exp7 in humanen Zelllinien untersucht werden. Faktoren, die in den Kern gelangen und nur durch Exp7 wieder hinaus exportiert werden, würden sich unter solchen Bedingungen im Zellkern anreichern. Im Gegensatz zum Exportrezeptor CRM1, der sich spezifisch durch Leptomycin B inhibieren lässt (Kudo *et al.*, 1998), ist für Exp7 kein solcher Hemmstoff beschrieben. Auch eine hefegenetische Untersuchung ist aufgrund eines hier fehlenden Paralogs nicht möglich. Deshalb wurde der Versuch unternommen, durch verschiedene RNA-Interferenz (RNAi)-Ansätze die Exp7-Konzentration in humanen Zellkulturen auf ein für die Exportfunktion kritisches Level zu senken. Ein weiterer Versuch, die Funktion von Exp7 zu stören, war die Verwendung eines im Kern immobilisierten „Trappers", der Exp7 im Zellkern bindet.

3.1.1 Bindung von α-Tubulin an Exp7

Das zytoskeletale Protein α-Tubulin ist in nicht-mitotischen Zellen ausschließlich im Zytoplasma lokalisiert (Abbildung 3B). Es bindet Exp7 RanGTP-abhängig und verhält sich somit wie ein Exp7-Substrat (Mingot , nicht publiziert, Abbildung 3A). In *Xenopus* Oocyten injiziertes Tubulin wird von Exp7 ins Zytoplasma exportiert (Bohnsack, nicht publiziert, Abbildung 3C). Auch wenn ein passiver Transport durch die Permeabilitätsbarriere der Kernpore für Makromoleküle mit einer Größe über 60 kDa ohne gebundenen Transportrezeptor nur sehr begrenzt möglich ist (Görlich und Kutay, 1999; Mohr *et al.*, 2009), könnten sich durch langsame Diffusion sogar 110 kDa schwere Tubulindimere im Zellkern ansammeln. Die anschließend mögliche Bildung von Filamenten könnte zu einer Störung der Kernmorphologie- und -funktion führen. Dies wird vermutlich durch den Kernexport von Tubulin durch Exp7 verhindert. Nukleäres α-Tubulin in nicht-mitotischen Zellen könnte daher ein einfach zu detektierendes Indiz einer Exp7-Mangelsitutation bzw. -Funktionsstörung sein.

3.1.2 siRNA vermittelter Knockdown von Exp7

siRNAs (*small interfering* RNAs, kleine interferierende RNAs) sind 21 nukleotid-lange, doppelsträngige RNA-Moleküle, die durch lipophile Transfektion in eukaryotische Zellen eingebracht werden können (Caplen *et al.*, 2001; Elbashir *et al.*,

2001). Dort verursacht der einzelsträngige-*antisense* Strang den Abbau komplementärer mRNAs (Tang, 2005). Dadurch wird die Translation des betroffenen Proteins reduziert („Knockdown"). Der Effekt auf die zelluläre Proteinkonzentration kann jedoch abhängig von der Halbwertszeit des Proteins und seiner mRNA-Syntheserate sein.

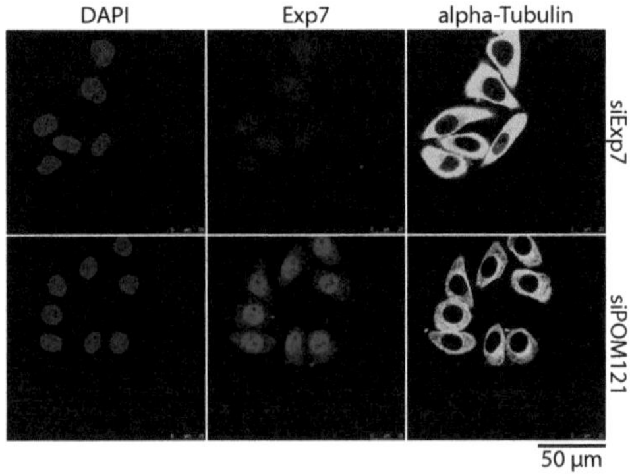

Abbildung 4: Immunfluoreszenz des siRNA-vermittelten Knockdowns von Exp7. HeLa-Zellen wurden mit 20 nM siExp7 oder siPOM121 transfiziert und nach 96 Stunden untersucht. Mit siExp7-behandelte Zellen wiesen im Vergleich zu siPOM121 moderat reduzierte Exp7-Mengen auf. Im Zellkern dieser akkumulierte α -Tubulin schwach, viele Zellen mit reduziertem Exp7-Signal blieben α-Tubulin-frei. Die Zellkernanfärbung erfolgte mit dem DNA-Farbstoff DAPI.

Der siRNA-vermittelte Knockdown von Exp7 (siExp7) in HeLa-Zellen führte zwar nach vier Tagen zu einer Reduktion des Rezeptors in einzelnen Zellen, jedoch waren immer deutlich Restmengen des möglicherweise sehr stabilen Exp7 sichtbar (Abbildung 4). Auch im Zusammenhang mit einer nur sehr schwachen nukleären α-Tubulin-Anfärbung ist zu vermuten, dass diese verbleibenden Exp7-Mengen der unter Umständen sehr langsamen Diffusion von α-Tubulin in den Zellkern entgegenwirken können. Mit siExp7-behandelte Zellen zeigten zudem keine Veränderung hinsichtlich ihrer Wachstumsgeschwindigkeit oder Morphologie im Vergleich zu siPOM121-behandelten Kontrollzellen. Es war daher zu schlussfolgern, dass auch eine geringe Konzentration von Exp7 zur Ausführung seiner zellulären Exportfunktionen ausreichend ist.

3.1.3 miRNA vermittelter Knockdown von Exp7

miRNAs (*microRNA*, kleine RNA) sind ebenfalls kleine, doppelsträngige RNA-Moleküle. Sie werden im Genom eukaryotischer Zellen kodiert und dienen der post-transkriptionalen, meist negativen Regulation der Genexpression (Lagos-Quintana *et al.*, 2001; Lee und Ambros, 2001; Lagos-Quintana *et al.*, 2002). Primäre miRNA (pri-miRNA) wird im Zellkern durch die RNA-Polymerase II synthetisiert und durch RNase III und DGCR8 zur Vorläufer-miRNA (*precursor*-miRNA, pre-miRNA) verarbeitet (Tang, 2005). Pre-miRNAs gelangen durch Exp5-Export ins Zytoplasma (Bohnsack, 2004) und führen hier durch weitere Prozessierung ebenfalls zu einer Degradation komplementärer mRNA (Tang, 2005). Diese intrazelluläre Prozessierung von miRNAs führt zu einer deutlichen Steigerung der Knockdown-Effizienz im Vergleich zu siRNA-Applikationen.

Exp7-cDNA-komplementäre Sequenzen wurden in eine optimierte miRNA-Kassette des Vektors pBI-F3-miR H2B-GFP mit flankierenden Sequenzen der humanen miRNA mir-30 (Weidenfeld *et al.*, 2009; Berger *et al.*, 2010) eingefügt. Diese Kassette wurde durch Flp-Rekombinase-vermittelte Rekombination stabil in das Genom der Zelllinie HeLa-EM2-11ht integriert (Weidenfeld *et al.*, 2009). Da ein bidirektionaler, doxycyclinabhängiger Promoter für die Expression der miRNA-Kassetten verwendet wurde, war sowohl die naive Induktion in erfolgreich rekombinierten Zellen als auch die zeitgleiche Expression von Histon 2-GFP (H2B-GFP) als Markerprotein möglich (Abbildung 5A). H2B-GFP wird wie H2B in den Nukleosomenkomplex eingebaut, ohne den Zellzkylus zu behindern (Kanda *et al.*, 1998). Nach Identifikation besonders effizienter miRExp7 (T4, TB) wurde die Expression dieser in Kombination und in unterschiedlicher Anzahl über einen Zeitraum von sieben Tagen induziert (Abbildung 5B). Die Expression von acht hintereinander geschalteten miRExp7-Kassetten ($(3xT4TB)_2$) führte zu einer Reduktion von Exp7 um ca. 80% im Vergleich zu un- bzw. miRLamin A/C-behandelten Zellen. Trotzdem waren weder eine deutliche nukleäre Lokalisation von α -Tubulin noch Auswirkungen auf den Zellzyklus in miRExp7-behandelten Zellen zu erkennen.

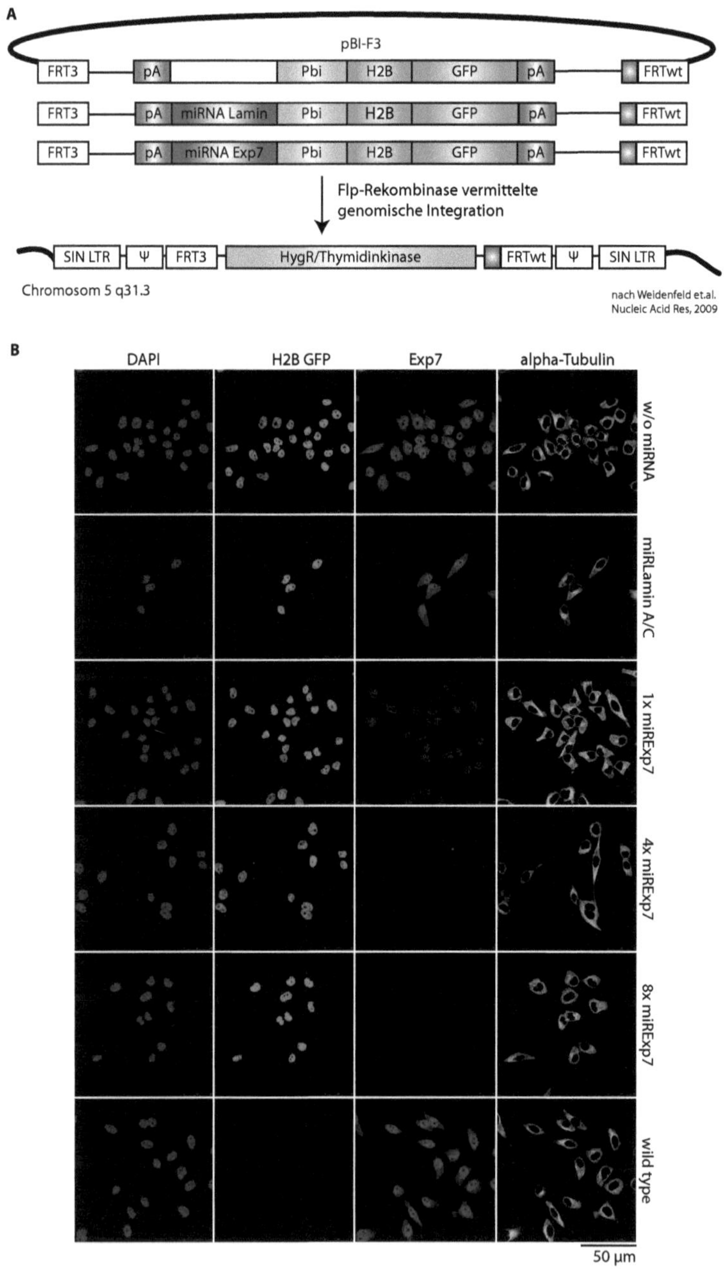

Abbildung 5: Immunfluoreszenz des miRNA-vermittelten Knockdowns von Exp7.

A) Durch Nutzung eines bidirektionalen, Doxycyclin-induzierbaren Promoters (Pbi) konnten miRNA-Kassetten und das Markerprotein H2B-GFP (Histon 2-*Green Fluorescent Protein*) simultan exprimiert werden. Mit Hilfe flankierender FRT-Sequenzen (*Flp-Rekombinase Target*, Wildtyp wt und Mutante 3) war die Flp-Rekombinase-vermittelte Integration der Kassetten in Chromosom 5 der Zelllinie HeLa-EM2-11ht möglich. Selektion der erfolgreich rekombinierten Zellen nach Co-Transfektion der pBI-F3-Derivate mit Flp-Rekombinase (pCAGGS-Flpe) erfolgte mit 20 µM Gancyclovir über zwei Wochen für den Verlust der Thymidinkinase-Kassette (TK). Anschließend wurden Einzelkolonien isoliert und propagiert. Die viralen Komponenten „SIN LTR“ (*Self INactivating Long Terminal Repeats*, LTR mit inaktivierten Verstärkerelementen) und „Ψ“ (Verpackungssignal) sind durch die ursprüngliche, retrovirale Integration der Kassette mit im Genom integriert. Die Hygromycin-Resistenz-Kassette (HygR) diente der Selektion gegen den Verlust der Expressionkassette durch unspezifische Rekombinationsereignisse. **B**) Die Expression stabil integrierter miRNA-Kassetten wurde mit 200 ng/ml Doxycyclin für sieben Tage induziert. H2B-GFP-Signale zeigten die Expression der Kassetten. In abgebildeter Immunfluoreszenz ist zu sehen, dass mit zunehmender Anzahl der miRExp7-Kassetten eine stärkere Reduktion von Exp7 erreicht werden konnte. Bei Expression von acht hintereinander geschalteten miRExp7-Kassetten verblieben nur 15 bis 20% Exp7 im Vergleich zu Kontrollzellen (H2B-GFP ohne miRNA, H2B-GFP+miRLamin A/C sowie HeLA-EM2-11ht).

3.1.4 Nukleäres Trapping von Exp7

Da in mi- und siRNA- Versuchen keine funktionsstörende Reduktion von Exp7 erreicht werden konnte, wurde die Inhibition der Exp7-Funktion auf physikalischem Wege diskutiert. Sollte es Exp7 nicht mehr möglich sein, den Zellkern zu verlassen, würde auch der Exp7-vermittelte Export nicht mehr funktionieren. Hierfür wurde ein molekularer „Trapper“ hergestellt, der auf der einen Seite ein DNA-bindendes Modul (H2B), auf der anderen Seite ein Exp7-bindendes Modul (RhoGAP) besaß (Abbildung 6F). Zur Visualisierung der Expression dieses Trappers wurde GFP verwendet. Der molekulare Trapper H2B-GFP-RhoGAP sollte in der Lage sein, Exp7 durch Bindung an DNA im Zellkern zu halten. Auch diese Expressionskassette in pBI-F3-Derivaten wurde mit Hilfe Flp-Rekombinase-vermittelter Rekombination in das Genom der Zelllinie HeLa-EM2-11ht integriert. Die Expression war ebenfalls mit Doxycyclin induzierbar und führte zu einem drastischen Phänotyp. Schon wenige Stunden nach Induktion der Expression des Trappers akkumulierte Exp7 im Zellkern („Exp7-Trapping“), während eine zytoplasmatische Lokalisation kaum noch zu detektieren war. Zeitgleich bildeten sich Tubulin-Filamente im Kern (Abbildung 6A). Innerhalb von 48 Stunden trat der Zelltod ein. Zur Kontrolle wurde neben H2B-GFP auch ein molekularer Trapper für das Exportin CRM1 (H2B-GFP-PKI-NES) exprimiert (PKI-NES: (Fornerod *et al.*, 1997)). In beiden Ansätzen kam es weder zur Bildung von nukleären Tubulinfilamenten noch verstarben Zellen daran

(Abbildung 6A). H2B-GFP-PKI-NES war in der Lage, CRM1 im Zellkern zu akkumulieren. Dies hatte jedoch keine sichtbaren morphologischen Konsequenzen.

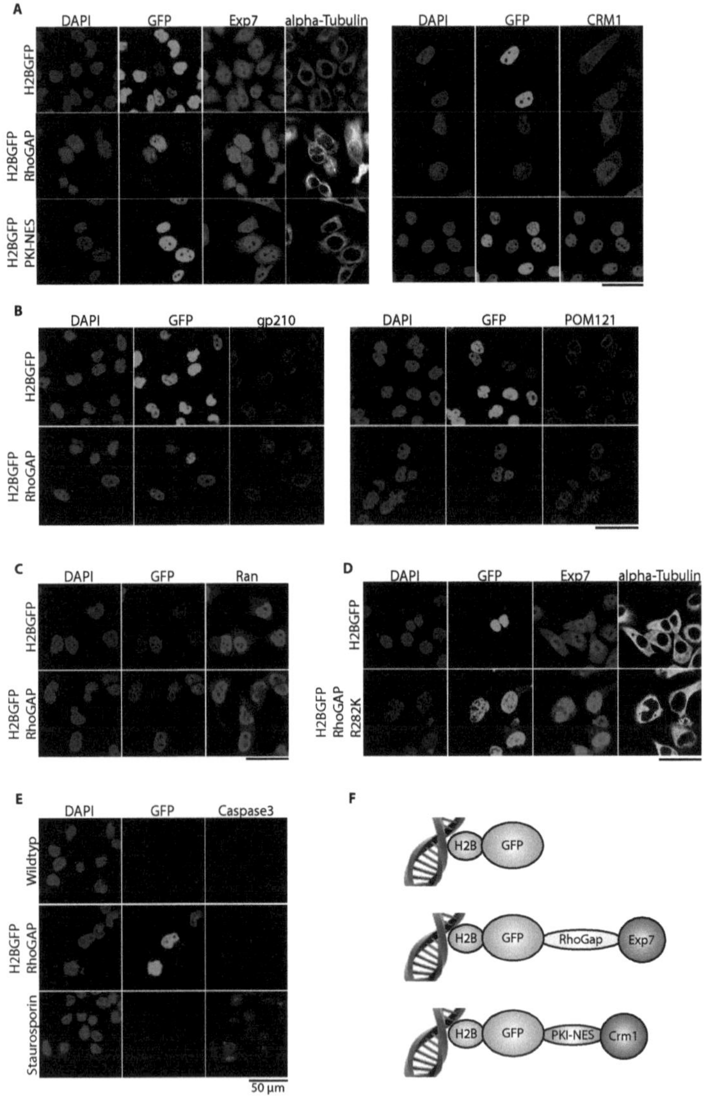

Abbildung 6: Immunfluoreszenz des Trappings von Exp7 im Zellkern.

A) Expression des stabil in das Genom von HeLa-EM2-11ht integrierten Trappers H2B-GFP-RhoGAP führte im Gegensatz zu H2B-GFP und H2B-GFP-PKI-NES zur starken Akkumulation von Exp7 und dem Entstehen von Tubulinfasern im Zellkern bereits 24 Stunden nach Induktion mit 200 ng/ml Doxycyclin (links). Bei der Expression von H2B-GFP-PKI-NES, nicht aber H2B-GFP oder H2B-GFP-RhoGAP, akkumulierte CRM1 im Zellkern (rechts). **B**) Während der Expression des Exp7-Trappers blieb die Lokalisation der nukleären Porine gp210 und POM121 im Vergleich zur Kontrolle H2B-GFP unverändert. **C**) Auch die detektierte Verteilung von Ran änderte sich während des Exp7-Trappings nicht. **D**) Während der transienten Expression des Trappers mit katalytisch inaktiver RhoGAP-Mutante R282K unter Kontrolle des EF1a-Promoters kam es ebenfalls zur Akkumulation von Exp7 und zu einer beginnenden Tubulinfilamentbildung im Kern 24 Stunden nach Transfektion. **E**) H2B-GFP-RhoGAP expremierende Zellen starben innerhalb von zwei Tagen. Es waren jedoch 24 Stunden nach Induktion mit 500 ng/ml Doxycyclin kein Signale aktiver Caspase 3, also keine Apoptose, zu detektieren. Positivkontrollen (HeLa-Zellen) wurden für fünf Stunden mit 1 µM Staurosporin inkubiert. **F**) Der molekulare Exp7-Trapper besaß auf der einen Seite ein DNA-bindendes Modul (H2B) und auf der anderen Seite ein Exp7-bindendes Modul (RhoGAP). H2B-GFP-RhoGAP war somit in der Lage Exp7 an DNA zu binden und im Zellkern zu halten. Als Kontrolle wurde ein analoger CRM1-Trapper verwendet, der über das NES von PKI (PKI-NES) CRM1 im Zellkern akkumulieren konnte. Als weitere Kontrolle wurde H2B-GFP ohne Trapper-Modul verwendet.

Um auszuschließen, dass die Expression des Exp7-Trappers auf andere Komponenten der zellulären Logistik zwischen Zytoplasma und Zellkern einen negativen Einfluss hatte, wurden mögliche unspezifische Auswirkungen untersucht. So dient der Konzentrationsgradient von RanGTP zwischen Zellkern und Zytoplasma als Energiequelle für den Zellkernexport und -import (Görlich *et al.*, 1996). Eine Veränderung dieser Verteilung durch Bindung von RanGTP an getrapptes Exp7 könnte negative Auswirkungen auf den nukleären Transport haben. Immunhistochemisch ließ sich jedoch kein solcher „Ran-Trapping"-Effekt während der starken Exp7-Akkumulation im Zellkern nachweisen (Abbildung 6C). Eine solche Akkumulation wäre auch aufgrund der hohen intrazellulären Konzentration von RanGTP (etwa 10 µM) im Vergleich zur Exp7-Konzentration (bis zu 1 µM) unwahrscheinlich. Auch die Verteilung des nukleären Exportrezeptors CRM1 blieb unbeeinflusst. (Abbildung 6A rechts). Ebenso schien es keine Anzeichen einer allgemeinen Störung der Kernporenkomplexe während des Exp7-Trappings zu geben, was durch eine unveränderte Lokalisation der integralen Nukleoporine POM121 und gp210 gezeigt werden konnte (Abbildung 6B). RhoGAP ist ein GTPase aktivierendes Enzym und beeinflusst den GTP/GDP-Zustand und daher die Aktivität GTP-bindender Proteine, wie RhoA, Rac1 und Cdc42 (Tcherkezian und Lamarche-Vane, 2007). Um auszuschließen, dass eine Überpräsentation der katalytischen Aktivität von RhoGAP im Zellkern für den toxischen Effekt des Exp7-Trappers verantwortlich war, wurde in einem analogen, aber transienten Versuchsansatz die katalytisch inaktive RhoGAP-Mutante R282K (Graham *et al.*, 1999) getestet. Auch die Expression von H2B-GFP-RhoGAP R282K verursachte, wenn auch langsamer, die Anreicherung von Exp7 und eine beginnende Tubulin-Filamentbildung im Kern (Abbildung 6D). Somit war weder die enzymatische Aktivität von RhoGAP noch eine Beeinflussung anderer Zellkern-transportwege für den Exp7-Trapping-Phänotyp verantwortlich.

Ungeklärt war ebenso, auf welchem Wege das Leben der Zellen terminiert wird. Rapides Absterben der Zellen könnte durch Aktivierung des Apoptose-Signalweges zu erklären sein. Apoptose kann zum einen physiologischer Bestandteil der Entwicklung eines Organismus sein, wird aber auch in Stresssituationen, wie DNA-Schädigung oder Nährstoffmangel, eingeleitetet und führt zum „Selbstmord" einer Zelle (Olson und Everett, 1975; Ellis und Horvitz, 1986). Hier könnte die Tubulin-Filamentbildung zu einer akuten Störung von Kernfunktionen führen und so ebenfalls den apoptotischen Zerfall einleiten. Die Cysteinprotease Caspase 3 gehört zu den Effektorproteinen des programmierten Zelltodes (Porter und Jänicke, 1999). Zellen mit induziertem Exp7-Trapping wiesen jedoch im Gegensatz zu Staurosporin-induziert apoptotischen Zellen (Andersson *et al.*, 2000) keine Caspase 3-Aktivität auf (Abbildung 6E).

Durch α-Tubulin-Anreicherung sowie Bindung an stark akkumuliertes Exp7 im Zellkern könnten Tubulin-Dimere in räumliche Nähe zueinander gebracht worden sein. Lokal könnte somit die kritische Konzentration, die zur Polymerisierung von Tubulin-Dimeren nötig ist, überschritten und eine Filamentbildung in Gang gesetzt worden sein. Die führte eventuell zur Störung der Struktur des Zellkerns und somit möglicherweise zum Zelltod auf nekrotischem Wege. Es ist jedoch nicht auszuschließen, dass noch weitere, bisher unbekannte Bindungspartner von Exp7 oder RhoGAP im Zellkern akkumulierten und zu diesem drastischen Phänotyp beitrugen.

3.2 Mausgenetische Untersuchung der Funktion von Exportin 7

Sämtliche Versuche, auf zellulärer Ebene die Funktion von Exp7 zu bestimmen, führten nicht zu schlüssigen Ergebnissen. Bei Knockdown von Exp7 verblieben der Zelle 15 bis 20% der physiologischen Exp7-Menge, was ausreichend zur Ausführung aller Exp7-Funktionen zu sein scheint. Exp7-Trapping führte zwar zur Bildung von

Tubulinfasern im Zellkern, das rasch eintretende Absterben der Zellen lässt hier jedoch keine schlüssige Analyse auch von weiteren Substratkandidaten zu.
Da Exp7-Substrate, wie α-Tubulin, vermutlich nicht aktiv in den Zellkern importiert werden und sich über Diffusion im Zellkern ansammeln, könnten bis zur detektierbaren Akkumulation bei fehlendem Exp7 mehrere Tage bis Wochen oder Monate vergehen. Dies würde den Zeitrahmen der Versuche mit Zellkulturen aufgrund einer täglichen Zellteilung sprengen und die nur minimale Akkumulation von α-Tubulin in siRNA-Experimenten erklären. *In vivo* dagegen sind viele Zelltypen nicht von einer derartig schnellen Teilungsrate betroffen. So haben Hepatozyten beispielsweise eine Lebensspanne von fünf Monaten, Nervenzellen bleiben sogar bis zum Tod des Organismus erhalten (Ross und Pawlina, 2006). Bei beeinträchtigter Exp7-Funktion könnte in solchen Geweben auch die langsame Diffusion von α-Tubulin in den Zellkern zu einer Anhäufung führen. Für die Funktionsanalyse in einem solchen Rahmen, entschieden wir uns zur Deletion von Exp7 (Knockout, KO) im Modellorganismus Maus. Dies würde zeit- oder gewebespezifische Funktionen von Exp7 auch auf organismischer Ebene aufzeigen können. Die mausgenetische Manipulation ist seit mehreren Jahrzehnten eine effiziente Methode, Funktionen von Säugerproteinen im Organismus zu untersuchen (Robertson *et al.*, 1986).

3.2.1 Herstellung transgener Mäuse mit konditionellem Exp7-KO-Genotyp

Das Exp7-Gen kommt in allen bisher untersuchten Tieren vor (Abbildung 7A). Weiterhin deuten die Analyse der Exp7-mRNA in humanem Gewebe (Koch *et al.*, 2000) sowie der Nachweis von Exp7-Protein in verschiedenen Geweben der Maus (Abbildung 7B) auf eine ubiquitäre Expression. Es war daher nicht auszuschließen, dass Exp7 essenziell ist und seine komplette Deletion in Mäusen zu einer embryonalen Letalität geführt hätte. Der KO erfolgte aus diesem Grund auf konditionellem Wege, womit auch eine gewebe- oder zeitspezifische Deletion von Exp7 möglich wäre.

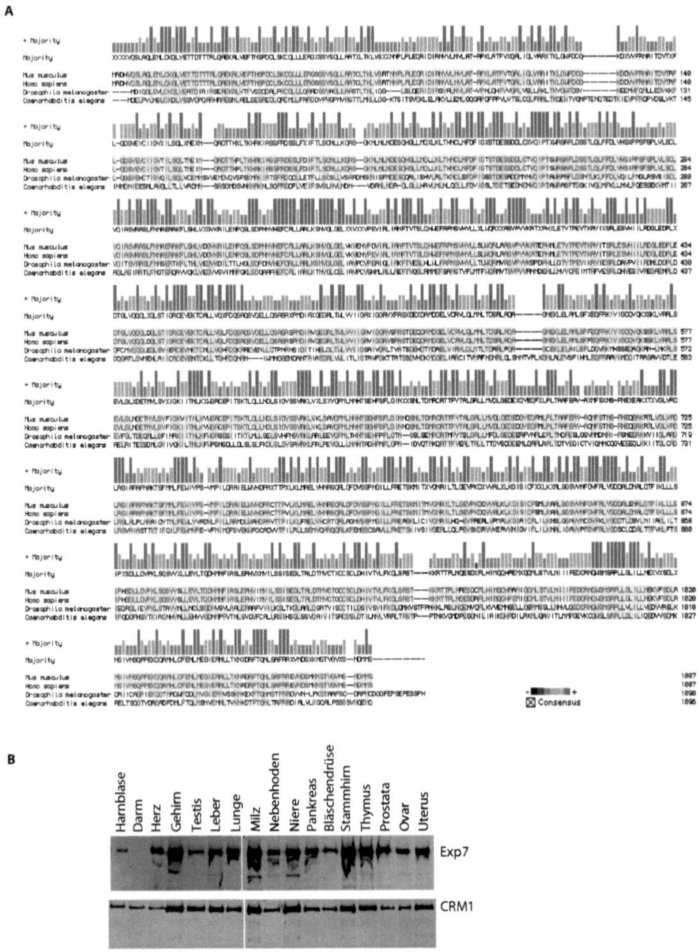

Abbildung 7: Exp7 im Tierreich.

A) Vergleich von *Mus musculus* Xpo7-, *Homo sapiens* Xpo7-, *Drosophila melanogaster* Ranbp16-RB- und *Caenorhabditis elegans* Q18476_CAELL-Translaten zeigt hohe Konservierung der Aminosäuresequenz von Exp7 (MegAlign, Lasergene 8). **B**) Die Expression von Exp7 in Geweben der Maus konnte über eine Phenyl-Sepharose-Anreicherung im Western Blot in allen getesteten Geweben mit Ausnahme des Darms gezeigt werden. Als Kontrolle wurde die Expression von CRM1 detektiert.

Das *Mm* Exp7-Gen befindet sich auf Chromosom 14, ist 112.382 bp lang, besteht aus 28 Exonen und kodiert für eine 1.087 Aminosäuren lange Sequenz (Abbildung 8A). Der Translationsstart befindet sich in Exon 1, welchem ein Intron mit einer Länge von 59.078 bp folgt. Zur späteren Cre-Rekombinase-vermittelten Rekombination (Brault *et al.*, 2007) und somit Deletion wurde dieses Exon 1 inklusive der 5' Untranslatierten Region (UTR) mit flankierenden loxP-Sequenzen versehen (Abbildung 8E). Hierfür wurde ein Vektor (p253 (Liu, 2003)) kloniert, der 7 kb lange, zum Mausgenom der Sv129-Linie homologe Fragmente vor und hinter den zu mutierenden Stellen sowie eine Neomycin-Resistenz (NeoR)-kassette vor der zweiten loxP-Sequenz mit flankierenden FRT-Sequenzen besaß (Abbildung 8C). Für die negative Selektion unspezifischer Rekombinationsereignisse war eine Thymidin-kinase (TK)-Kassette außerhalb der homologen DNA-Bereiche platziert. Der linearisierte Vektor wurde in 129SvBTLMPI2-ES-Zellen elektroporiert. Diese DNA wurde durch somatische, homologe Rekombination, ein zellulärer Prozess zur Reparatur von DNA-Doppelstrangbrüchen (Resnick und Moore, 1979), in das Genom der ES-Zellen integriert (Robertson *et al.*, 1986; Baribault und Kemler, 1989). Zellklone mit korrekt erfolgter Rekombination wurden drei Wochen nach Selektion mit Gancyclovir und G418 über einen Southern Blot dank der SpeI-Schnittstelle in der NeoR-Kassette identifiziert (Abbildung 8D,G). Zwei dieser positiven Klone (208 und 231) wurden für die Herstellung transgener (loxP Exp7 Exon1 FRT NeoR FRT loxP, $Exp7^{fl(neo)/+}$)-Mäuse verwendet, welche anschließend mit Flp-Rekombinase-exprimierenden Mäusen gekreuzt wurden (Farley *et al.*, 2000; Chen und Rice, 2003). Dadurch kam es zur Deletion der NeoR-Kassette (loxP Exp7 Exon1 FRT loxP, $Exp7^{fl/+}$), deren Expression sonst mit dem KO-Phänotyp interferieren könnte (Abbildung 8E, H). $Exp7^{fl/fl}$- sowie $Exp7^{fl(neo)/+}$ Mäuse exprimierten Exp7 in vergleichbarer Menge wie Wildtyp-Mäuse (Abbildung 8I), waren fertil und hinsichtlich Anatomie und Verhalten unauffällig.

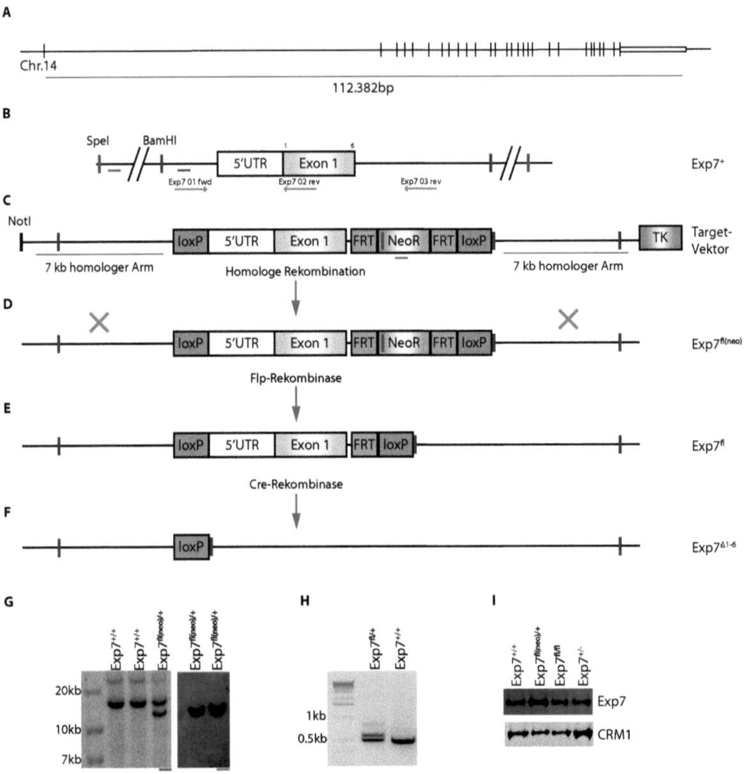

Abbildung 8: Konditioneller KO von Exp7 in Maus.

A) Genomische Lokalisation und Struktur des Exp7-Gens (Xpo7) in Maus. **B**) Exon 1 und seine 5'UTR sind von SpeI (vertikale, rote Linien)- und BamHI (vertikale, violette Linien)-Restriktionsschnittstellen umgeben, die zur Genotypisierung durch Southern Blot verwendet wurden. Hierfür wurden im transgenen Allel, wie in **C**) dargestellt, zusätzliche SpeI- und BamHI-Schnittstellen eingefügt. SpeI-Verdau und Dektektion mit SpeI-Sonden (horizontale, rote Linie) ergaben für $Exp7^{+}$ eine 16 kb- und für $Exp7^{fl(neo)}$ eine 12 kb-Bande. BamHI-Verdau und Detektion mit BamHI-Sonden (horizontale, violette Linie) ergaben eine 10kb-Bande für $Exp7^{+}$, eine 3.6 kb-Bande für $Exp7^{fl}$ und eine 2.7 kb-Bande für $Exp7^{\Delta 1\text{-}6}$. Die angezeigten Primer (graue Pfeile, in Leserichtung zeigend) wurden zur Identifikation durch PCR und anschließende Sequenzierung verwendet. Folgende PCR-Produkte ergaben sich: $Exp7^{+}$: 521 bp (Exp7 01 fwd + Exp7 02 rev), $Exp7^{fl}$: 625 bp (Exp7 01 fwd + Exp7 02 rev), $Exp7^{\Delta 1\text{-}6}$: 614 bp (Exp7 01 fwd + Exp7 03 rev). **C**) Der Exp7-KO-Targetvektor enthielt 7 kb lange sequenzhomologe Arme stromauf- und abwärts von Exon 1 und 5'UTR, welche durch loxP-Sequenzen flankiert waren. Vor der zweiten loxP-Sequenz in Intron 1 befand sich zudem eine von FRT-Sequenzen flankierte NeoR-Kassette. Ausserhalb der homologen Arme war eine TK-Kassette zur negativen Selektion unspezifischer Rekombinationsereignisse vorhanden. Homologe Rekombination nach Elektroporation des Exp7-KO-Targetvektors in 129Sv-BTLMPI2-ES-Zellen ergab wie in **D**) dargestelltes $Exp7^{fl(neo)}$-Allel. $Exp7^{fl(neo)/+}$-ES-Zellklone wurden für die Herstellung transgener Mäuse verwendet. **E**) Durch Kreuzung dieser

$Exp7^{fl(neo)/+}$- Mäuse mit Flp-Rekombinase exprimierenden Mäusen erfolgte das Ausschneiden der NeoR. **F**) Weitere Kreuzung von $Exp7^{fl/+}$ mit Cre-Rekombinase-exprimierenden Mäusen führte zur Deletion von Exon 1 und 5'UTR von Exp7 ($Exp7^{\Delta 1\text{-}6}$). **G**) Southern Blot mit SpeI-verdauter genomischer DNA aus $Exp7^{fl(neo)/+}$-129SvBTLMPI2-ES-Zellen ergab die Detektion der erwarteten Banden mit SpeI-Sonden (links, siehe B) und Neo-Sonden (rechts, braune horizontale Linie). Es wurden keine zusätzlichen Banden mit Neo-Sonden detektiert. Somit konnte die korrekte Rekombination und einmalige Integration der Target-DNA festgestellt werden. **H**) Genotypisierung von $Exp7^{fl}$-Allelen erfolgte durch PCR mit Primer Exp7 01 fwd und Exp7 02 rev (siehe B). **I**) Western Blot aus Mausschwanzspitzen zeigte die unbeeinträchtigte Expression von Exp7 in transgenen Mäusen. Als Kontrolle wurde CRM1 nachgewiesen.

3.2.2 Simulation der Exp7-KO-Strategie *in vitro*

Wie bereits erwähnt, besteht das Exp7-Gen in Maus aus 28 Exonen, wobei sich das Start-ATG in Exon 1 befindet. Der nächstmögliche Translationsstart befindet sich in Exon 7. Um zu überprüfen, ob nach eventueller Transkription trotz deletierten Exon 1, eine Translation ab dem ATG in Exon 7 möglich wäre, wurde ein entsprechendes Deletionskonstrukt ($Exp7^{\Delta 1\text{-}6}$) in den Translationsvektor v75 kloniert. Auch sollte das dabei eventuell entstehende, N-terminal um 216 Aminosäuren verkürzte Exp7 ($Exp7^{217\text{-}1087}$) hinsichtlich seiner Löslichkeit und Funktionsfähigkeit untersucht werden (Abbildung 9A). Exp7 bindet im Exportkomplex neben seinem Substrat auch RanGTP (Mingot *et al.*, 2004). RanQ69L ist eine GTPase-defiziente Ran-Mutante, die nicht zur Hydrolyse von GTP zu GDP fähig ist (Klebe *et al.*, 1995). Funktionelles Exp7 sollte in der Lage sein, RanQ69L zu binden.

In mit T7-Polymerase-haltigem Lysat aus Kaninchen-Retikulozyten erfolgten *in vitro* Transkription und Translation. Durch den Einbau ^{35}S-markierten Methionins (^{35}S-Met) konnten die synthetisierten Produkte detektiert werden. Die Expression von $Exp7^{\Delta 1\text{-}6}$ führte erstaunlicherweise zu einem Produkt, dessen Größe die des erwarteten $Exp7^{217\text{-}1087}$-Fragmentes weit überschritt und eher mit dem des Exp7 voller Länge zu vergleichen war (Abbildung 9C). Während $Exp7^{217\text{-}1087}$ zwar löslich, aber nicht in der Lage war, RanQ69L zu binden, konnte diese Fähigkeit bei $Exp7^{\Delta 1\text{-}6}$ nachgewiesen werden (Abbildung 9B). Überraschenderweise war die Initiation der Translation vor dem nächstmöglichen ATG erfolgt.

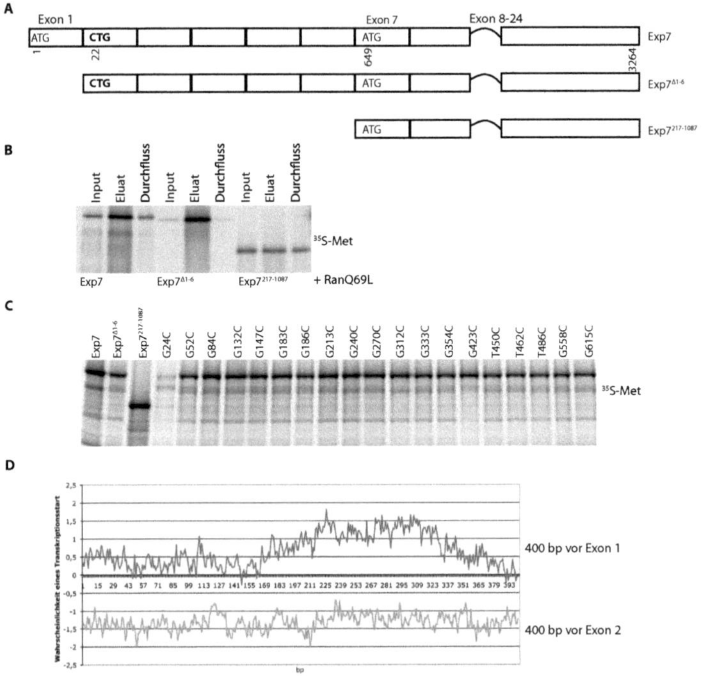

Abbildung 9: ***In Vitro*-Simulation der Exp7-KO-Strategie.**
A) Exp7 voller Länge sowie zwei N-terminal verkürzte Varianten (ohne Exon 1 ($Exp7^{\Delta 1\text{-}6}$), ab nächstem ATG beginnend ($Exp7^{217\text{-}1087}$)) wurden den in v75-*in vitro*-Translations-Vektor kloniert. Mit angegeben ist die entsprechende Position in der Nukleotidsequenz der Exp7-cDNA (Translationsstart = Position 1). **B**) Bindungsversuch mit immobilisiertem RanQ69L zeigte die Bindung von Exp7 sowie $Exp7^{\Delta 1\text{-}6}$ durch Anreicherung im Eluat im Vergleich zum Input und Durchfluss (Spur 1 bis 6), jedoch nicht von $Exp7^{217\text{-}1087}$ (Spur 7 bis 9). **C**) Dargestellt sind die *in vitro*-Translationsprodukte der verschiedenen Exp7-Varianten (Spur 1 bis 3) sowie der Mutanten aller alternativer Startkodone (Spur 4-22). Dafür wurden, wie angegeben, Basen der Exp7-cDNA ausgetauscht. Mutation G24C inaktivierte das alternative Startkodon CTG in Exon 2 (siehe A) und verhinderte die Expression von $Exp7^{\Delta 1\text{-}6}$. **D**) *In silico*-Analyse (Maus Assembly M8) der genomischen 5'UTR vor Exon 1 und Exon 2 von Exp7 in Maus zeigte einen wahrscheinlichen Transkriptionsstart etwa 90 bp vor Exon 1 (≈1.5), jedoch keine Wahrscheinlichkeit eines Transkriptionsstarts vor Exon 2 (≈-1.5 bis -1).

Derartige alternative Startkodone sind in Prokaryoten gängig. So beginnt die Translation in *E. coli* nur bei 83% aller Gene mit ATG (Blattner *et al.*, 1997), in höheren Eukaryoten dagegen sind bisher nur wenige solcher Gene bekannt. Es wird jedoch vermutet, dass diese alternativen Startkodone Teil einer regulativen

Genexpression sind (Wegrzyn *et al.*, 2008). So wurde die Aktivität solcher Kodone in mRNAs der Dihydrofolatreduktase (Peabody, 1989), der Tyrosinkinase hck (Lock *et al.*, 1991), des Wilms Tumor Suppressorgens WTI (Bruening und Pelletier, 1996) sowie des Fibroblasten-Wachstumshormons FGF (Touriol *et al.*, 2003) beschrieben. Die Translation in höheren Eukaryoten kann demnach auch an den Kodonen CTG, GTG, TTG, ATA und ACG beginnen (Wegrzyn *et al.*, 2008). Um den Startpunkt der Translation von Exp7$^{\Delta 1\text{-}6}$ zu bestimmen, wurden sämtliche 19 alternativen Startkodone bis zum ATG in Exon 7 mutiert und so ein CTG in Exon 2 als Beginn von Exp7$^{\Delta 1\text{-}6}$ identifiziert (Abbildung 9C). Da der hier verwendete v75-Vektor speziell für *in vitro*-Translationsversuche hergestellt wurde, besitzt dieser eine hochoptimierte 5' UTR (Hülsmann, nicht publiziert), die die Initiation dieser Translation hier ermöglichte. Die *in silico*-Analyse der genomischen Situation des CTG-Kodons zeigte jedoch, dass eine Expression dieser Exp7-Variante *in vivo* aufgrund seiner 5' UTR sehr unwahrscheinlich ist (Abbildung 9D). Zudem führte die verwendete KO-Strategie, die Exklusion von Exon 1 und seiner 5' UTR, bis auf eine Ausnahme tatsächlich zum Verlust von Exp7.

3.2.3 Exp7$^{\Delta 1\text{-}6}$ in Maus

Um festzustellen, ob das Leben einer Maus ohne Exp7 möglich ist, wurden Exp7$^{fl/fl}$-Mäuse mit CMV-Cre-Rekombinase exprimierenden Mäusen gekreuzt (Schwenk *et al.*, 1995). Das führte zur Deletion von Exon 1 und seiner 5' UTR (loxP, Exp7$^{\Delta 1\text{-}6}$), was so den KO von Exp7 ergeben würde. Homozygote Exp7$^{\Delta 1\text{-}6}$-Mäuse wurden mit Hilfe der eingefügten BamHI-Schnittstelle durch Southern Blot (Abbildung 10A), durch PCR (Abbildung 10B) und Sequenzierung des veränderten genomischen Lokus (nicht gezeigt) identifiziert. Der Nachweis von Exp7 im Western Blot in Exp7$^{\Delta 1\text{-}6/\Delta 1\text{-}6}$-Mausschwanzspitzen fiel negativ aus (Abbildung 10C). Exp7$^{\Delta 1\text{-}6/\Delta 1\text{-}6}$-Mäuse waren fertil und phänotypisch unauffällig (Abbildung 10D).

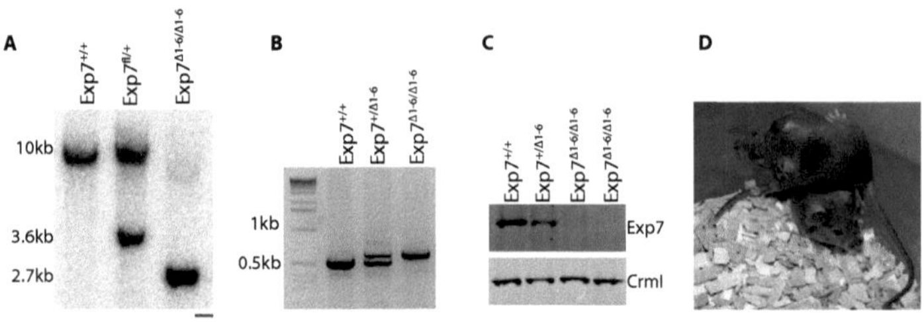

Abbildung 10: Deletion von 5'UTR und Exon 1 des *Mm* Exp7-Gens.
A) Southern Blot mit BamHI-verdauter genomischer DNA aus Schwanzspitzen führte zur Identifizierung von $Exp7^{\Delta1-6/\Delta1-6}$-Mäusen (Spur 3). **B)** Auch durch PCR mit den Primern Exp7 01 fwd, Exp7 02 rev und Exp7 03 rev konnten homozygote (Spur 3) und heterozygote (Spur 2) KO-Mäuse genotypisiert werden. **C)** Western Blot mit Lysaten aus Schwanzspitzen zeigte hier die Deletion von Exp7 auf Proteinebene (Spur 4 und 5). **D)** Es sind zwei weibliche, zwei Monate alte $Exp7^{\Delta1-6/\Delta1-6}$-Mäuse zu sehen.

3.2.4 Zelluläre Lokalisation von α-Tubulin in $Exp7^{\Delta1-6/\Delta1-6}$-Geweben

Eine immunhistologische Anfärbung von $Exp7^{\Delta1-6/\Delta1-6}$-Geweben sollte zeigen, ob sich hier α -Tubulin nukleär ansammelt. Wie bereits erwähnt, verfügen sowohl Hepatozyten als auch Neuronen über eine sehr lange Lebensspanne. Neuronale Fortsätze, wie Dendriten und Axone, sind zudem mit Mikrotubuli ausgestattet, was den intrazellulären Transport von Mitochondrien und synaptischen Vesikeln, durch Kinesin und Dynein vermittelt, ermöglicht (Estridge und Bunge, 1978; Vale *et al.*, 1985; Schnapp und Reese, 1989). Nervenzellen, die den Hauptanteil des Gehirns ausmachen, haben daher im Vergleich zu anderen Zellen eine sehr hohe Konzentration von Tubulin. Hier war also eine nukleäre Tubulin-Akkumulation durch fehlenden Exp7-Export bereits in jungen Mäusen zu vermuten. Die zum Zeitpunkt dieser Arbeit älteste zur Verfügung stehende $Exp7^{\Delta1-6/\Delta1-6}$-Maus war drei Monate alt. Im Gehirn sowie in der Leber dieser Maus ließ sich jedoch kein α -Tubulin im Zellkern nachweisen (Abbildung 11A). Auch in allen anderen untersuchten Organen (Milz, Pankreas, Magen, Darm, Ovar, Hoden, Herz, Muskel, Thymus, Lunge, Blase, Haut und Auge) blieben die Zellkerne α -Tubulin-frei (Daten nicht gezeigt). Die diagnostische, histopathologische Begutachtung entnommener Gewebe zeigte ebenfalls keine besonderen Auffälligkeiten im Vergleich zu Wildtyp-Tieren.

Möglicherweise tritt ein Exp7-Phänotyp erst im höheren Lebensalter auf und war somit in drei Monate alten Mäusen nicht zu detektieren. So konnte zwar im Gehirn einer 15 Monate alten, gesunden Wildtyp-Maus kein nukleäres α-Tubulin detektiert werden (Abbildung 11B), die anstehende Analyse entsprechend alter $Exp7^{\Delta1\text{-}6/\Delta1\text{-}6}$-Mäuse wird jedoch zeigen können, ob Exp7 möglicherweise erst im Alter essenzielle Funktionen in diesem Zusammenhang besitzt.

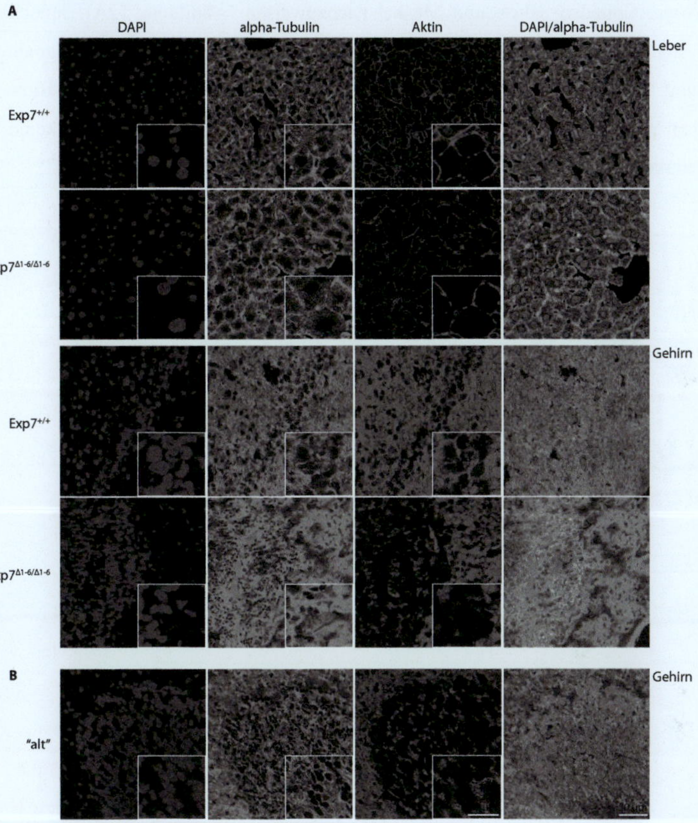

Abbildung 11: Immunhistochemischer Nachweis von α-Tubulin in $Exp7^{\Delta1\text{-}6}$-Geweben.
A) 8 µM dicke Kryoschnitte von Leber und Gehirn drei Monate alter, mit 4% PFA perfundierter $Exp7^{\Delta1\text{-}6/\Delta1\text{-}6}$ sowie $Exp7^{+/+}$-Mäuse wurden mit FITC-markiertem anti-α-Tubulin, Phalloidin (Aktinfärbung) und Hoechst 33342 (DNA-Farbstoff) immunhistochemisch angefärbt. Gezeigt sind auch vergrößerte Ausschnitte der Übersichtsbilder sowie ein Overlay aus DAPI und Tubulin-Anfärbung. Weder in Leber noch im Gehirn der $Exp7^{\Delta1\text{-}6/\Delta1\text{-}6}$-Tiere konnte α-Tubulin in Zellkernen detektiert werden. Vergrößerte Leberzellen, wie hier im $Exp7^{\Delta1\text{-}6/\Delta1\text{-}6}$-Gewebe zu sehen, kommen gelegentlich bei Mäusen vor und waren bei weiteren histologischen Untersuchungen nicht im Zusammenhang mit $Exp7^{\Delta1\text{-}6}$-Genotypen zu detektieren. **B)** Die ebenso angefertigte Immunhistochemie aus Proben des Gehirns einer 15 Monate alten ("alt") Maus zeigte keine nukleäre Akkumulation von α-Tubulin.

3.2.5 Expression von Exp7 in $Exp7^{\Delta 1\text{-}6/\Delta 1\text{-}6}$

Aufgrund der Ergebnisse der bereits beschrieben *in vitro*-Simulation der Exp7-KO-Strategie wurde die fehlende Expression von Exp7 in $Exp7^{\Delta 1\text{-}6/\Delta 1\text{-}6}$-Geweben im Detail untersucht. So war im Western Blot kein Exp7 in Leber, Gehirn, Thymus, Pankreas, Niere, Auge, Gonaden, Blase und Muskel nachzuweisen (Abbildung 12A). Jedoch zeigten sich in $Exp7^{\Delta 1\text{-}6/\Delta 1\text{-}6}$- Milz, -Herz und -Lunge deutliche Exp7-Signale (Abbildung 12B). Allen drei Organen ist der hohe Anteil an Blut bzw. roten Blutkörperchen gemein. Der folgende Proteinnachweis im Blut ergab tatsächlich keine Exp7-Reduktion im $Exp7^{\Delta 1\text{-}6/\Delta 1\text{-}6}$-Blut im Vergleich zum Wildtyp (Abbildung 12C).

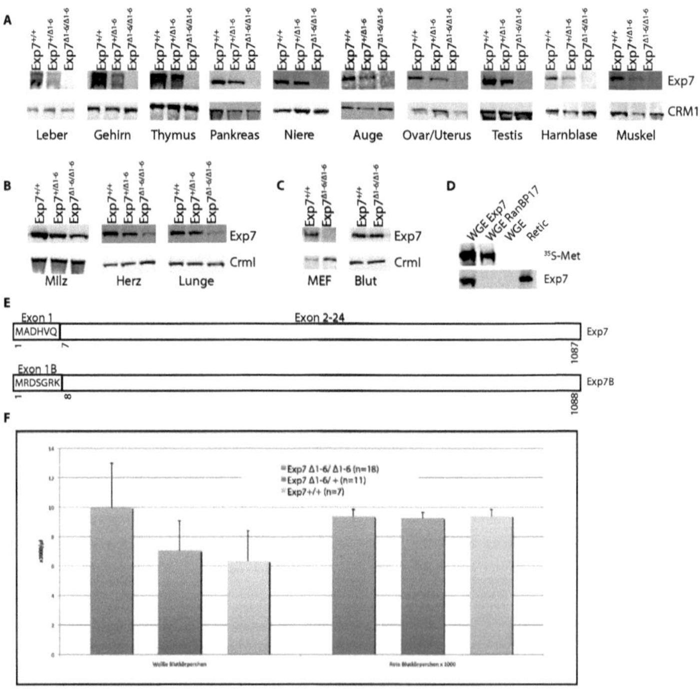

Abbildung 12: Exp7B im Blut.
A) Lysate verschiedener Gewebe zeigten beim Nachweis durch Western Blot eine Deletion von Exp7 in $Exp7^{\Delta 1\text{-}6/\Delta 1\text{-}6}$-Tieren. **B**) In Milz, Herz und Lunge dagegen waren deutliche Exp7-Signale auch in $Exp7^{\Delta 1\text{-}6/\Delta 1\text{-}6}$-Proben zu detektieren. **C**) In $Exp7^{\Delta 1\text{-}6/\Delta 1\text{-}6}$-embryonischen Fibroblasten der Maus (MEF) konnte im Western Blot das vollständige Fehlen von Exp7 gezeigt werden, während die Expression von Exp7 in KO-Blut trotz Deletion des ersten Exons unbeeinträchtigt blieb. **D**) Anti-Exp7 erkennt spezifisch *in vitro* in Weizenkeimextrakten

(WGE) synthetisiertes *Mm* Exp7 (Spur 1), nicht jedoch das homologe *Mm* RanBP17 (Spur 2). Beide wurden während ihrer Translation radioaktiv mit ^{35}S-Met markiert. Während WGE kein detektierbares endogenes Exp7 enthielt (Spur 3), konnten im Retikulozyten-Lysat mit dem verwendeten Antikörper deutliche *Oc* Exp7 Mengen detektiert werden (Spur 4). **E**) Die Sequenzierung der aus Wildtyp-Blut durch reverse Transkription gewonnenen Exp7-cDNA ergab die Nutzung eines alternativen Exon 1B im Blut, was N-terminal zu einer veränderten Aminosäuresequenz führt. **F**) Der Vergleich der Blutbilder ergab keine pathologische Veränderung in homozygoten KO-Mäusen im Vergleich zu Exp7$^{+/+}$- oder Exp7$^{\Delta 1\text{-}6/+}$-Tieren. Hierfür sind exemplarisch die Anzahl/µl roter (links) und weißer (rechts) Blutkörperchen gezeigt. Auch wenn sich die Zahl weißer Blutkörperchen in unterschiedlichen Allel-Typen unterscheidet, befinden sich jedoch sämtliche Werte im physiologischen Rahmen.

Um auszuschließen, dass der verwendete Antikörper hier das engverwandte Exp7-Homolog RanBP17 detektierte, wurde seine Spezifität diesbezüglich untersucht. *Mm* RanBP17 und *Mm* Exp7 wurden in Weizenkeimextrakten *in vitro* translatiert und dabei mit ^{35}S-Met markiert. Der Exp7-Antikörper erkannte im folgenden Western Blot nur Exp7, aber nicht RanBP17 (Abbildung 12D). Da Retikulozytenlysate bereits hohe Mengen an *Oc* Exp7 enthielten, waren sie für diesen *in vitro*-Translationsversuch ungeeignet (Abbildung 12D).

3.2.6 Identifikation von Exp7-Blut

Homozygote Exp7$^{\Delta 1\text{-}6}$-Mäuse sollten auch in Blutzellen kein intaktes Exp7-Allel besitzen. Die Sequenzierung der aus Wildtyp-Blut gewonnen Exp7-cDNA ergab demnach auch ein alternatives 5'-Ende im Vergleich zum bisher beschriebenen Exp7-Transkript in Maus (siehe Anhang). Die genomische Lokalisierung der Exp7-Blut (Exp7B)-mRNA zeigte, dass dieses Ende durch Nutzung eines alternativen Exons 1 (Exon 1B), nur 539 bp vor Exon 2 liegend, entsteht. Exp7B unterscheidet sich von Exp7 lediglich in den ersten sechs Aminosäuren (> 99% identische Aminosäuresequenz, Abbildung 12E). Aufgrund der Nutzung von Exon 1B führte die Deletion des Exon 1 in der hier verwendeten Exp7$^{\Delta 1\text{-}6/\Delta 1\text{-}6}$-Maus zwar zu einer Abwesenheit von Exp7 in Gewebezellen, die Expression von Exp7B im Blut jedoch blieb unbeeinträchtigt (Abbildung 12C). Zudem waren keine pathologische Veränderungen im Blut der Exp7$^{\Delta 1\text{-}6/\Delta 1\text{-}6}$-Mäuse festzustellen (Abbildung 12F).In wieweit sich Exp7B und Exp7 hinsichtlich ihrer Eigenschaften oder Funktionen unterscheiden, wird sich durch weitere biochemische Analysen zeigen müssen. Die spannendste aller Fragen ist sicherlich, warum kernlose Erythrozyten eine eigene Isoform des Kernexportrezeptors exprimieren. Diese Frage lässt sich nur durch den KO von Exp7B beantworten.

3.3 Mausgenetische Untersuchung der Funktion von Exp6

Wie in der Einleitung bereits beschrieben, exportiert der nukleäre Exportrezeptor Exp6 zytoplasmatisches Aktin und Profilin aus dem Zellkern. In Drosophila-Zellen führte sein siRNA-vermittelter Knockdown zur massiven Bildung von Aktin-Parakristallen im Zellkern (Stueven *et al.*, 2003). Dieser Phänotyp ähnelt dem Krankheitsbild einiger Nemalin-Myopathien beim Menschen, die parakristalline Aktinablagerungen im Zellkern von Muskelzellen aufweisen. Diese werden durch Mutationen im α1-Aktin-Gen verursacht (Nowak *et al.*, 1999; Sparrow *et al.*, 2003; Laing *et al.*, 2009). Um einen eventuellen Zusammenhang zwischen diesen Aktin-Mutationen und einem dadurch beeinträchtigtem Export von Aktin aus dem Zellkern zu untersuchen, soll Exp6 in Maus deletiert werden. Aufgrund der zu erwartenden Schwere des Phänotyps wurde auch hier eine konditionelle KO-Strategie verfolgt.

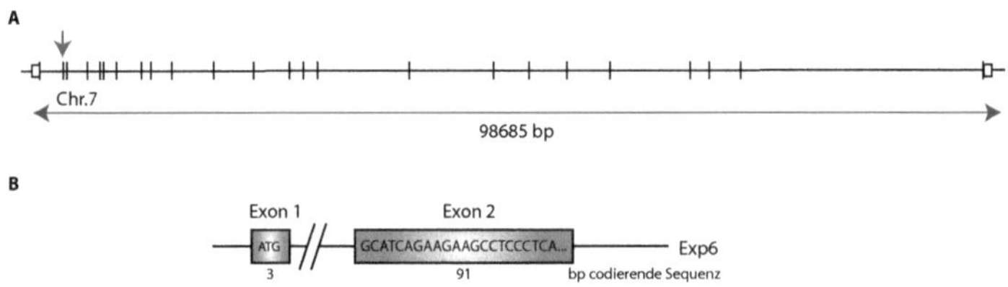

Abbildung 13: Genomische Situation von *Mm* Exp6.
A) Genomische Lokalisation und Struktur des Exp6-Gens in Maus (Xpo6). **B**) Exon 1 kodiert nur das erste Methionin von Exp6. Exon 2 kodiert für 91 bp des Exp6-Transkripts. Seine Deletion führt daher zum *Frameshift*.

Das *Mm* Exp6-Gen befindet sich auf Chromosom 7, ist 98.685 bp lang, besteht aus 24 Exonen und kodiert für eine 1.125 Aminosäuren lange Sequenz. Das erste Exon besteht aus 507 bp 5' UTR und dem Start-ATG. Anschließend folgt ein 25.650 bp langes Intron (Abbildung 13). Für den KO wird daher das 91 bp lange Exon 2 mit loxP-Sequenzen zur späteren Cre-Rekombinase vermittelten Deletion flankiert. Damit wird im KO-Allel ein *Frameshift* (Leserasterverschiebung) verursacht. Mit der Herstellung transgener Exp6$^{-/-}$ wurde im Rahmen dieser Arbeit mit einer zum Exp7-KO analogen Strategie begonnen.

4. Ergebnisse II- Mausgenetische Analyse membran-integrierter Nukleoporine

Kernporenkomplexe ermöglichen den regulierten Transport zwischen Zellkern und Zytoplasma. Die funktionelle Rolle ihrer membran-integrierten Bestandteile ist bisher noch nicht schlüssig geklärt. Ndc1 ist unter Eukaryoten bis hin zu Hefe und Pilzen weit verbreitet und in humanen Zellen zudem essenziell für die Biogenese nukleärer Porenkomplexe (Mansfeld *et al.*, 2006; Stavru *et al.*, 2006a). Dagegen sind gp210-, gp210L- sowie POM121- defiziente Zellen höherer Eukaryoten vital und in der Lage, funktionstüchtige Kernporen zu bilden (Eriksson *et al.*, 2004; Olsson *et al.*, 2004; Stavru *et al.*, 2006b). Durch Deletion dieser Proteine in Mäusen könnten gewebe- oder entwicklungsspezifische, auf zellulärer Ebene nicht zu detektierende Aufgaben hier sichtbar werden.

4.1 Knockout von *Mm* gp210 und *Mm* gp210L

Das *Mm* gp210-Gen befindet sich auf Chromosom 6, ist 103.761 bp lang, besteht aus 40 Exonen und kodiert für eine 1.886 Aminosäuren (AS) lange Sequenz. Der Translationsstart befindet sich in Exon 1 (Abbildung 14A). Durch Deletion von Exon 1 wird das Protein N-terminal um 56 Aminosäuren verkürzt. Sollte aufgrund alternativer Transkriptionsstartpunkte solch deletiertes gp210 synthetisiert werden, so fehlt diesem Protein seine 25 AS lange Signalsequenz für die Integration in die Membran ((Wozniak und Blobel, 1992), Abbildung 2A). Damit wäre auch die Assemblierung in nukleäre Poren nicht mehr möglich und gp210 so funktionsunfähig. Das erste gp210-Exon wurde durch eine loxP-flankierte NeoR-Kassette ersetzt. Dies erfolgte durch Elektroporation eines entsprechenden Targetvektors in 129Sv-BTLMPI2-ES-Zellen und eine anschließende homologe Rekombination zwischen den sich auf beiden Seiten der NeoR-Kasette befindenden homologen Armen und der entsprechenden genomischen DNA. Auch hier war eine TK-Kassette ausserhalb der homologen Bereiche im Targetvektor vorhanden. Nach Selektion mit G418 und Gancyclovir wurden erfolgreich rekombinierte Klone durch eine zusätzlich eingefügte XbaI-Schnittstelle identifiziert (Abbildung 15A). Zwei dieser Klone (111 und 229) wurden für die Herstellung transgener Mäuse (loxPneoRloxP, gp210$^{-(neo)/+}$) verwendet. Die spätere Verpaarung dieser mit CMV-Cre-Rekombinase-exprimierenden Mäusen (Schwenk *et al.*, 1995) führte zur Deletion der NeoR-Kassette (loxP, gp210$^{+/-}$).

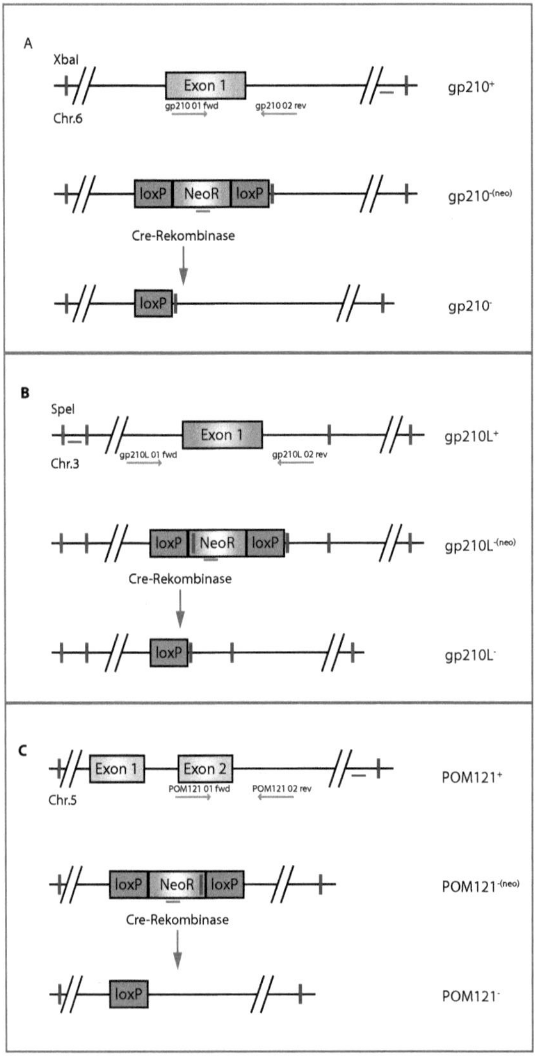

Abbildung 14: KO-Strategien für *Mm* gp210, *Mm* gp210L und *Mm* POM121.

A) KO von *Mm* gp210 wird durch Deletion des Exon 1 erreicht, das durch eine loxP-flankierte NeoR ersetzt wird. Genotypisierung erfolgte über eine zusätzlich eingefügte XbaI-Schnittstelle hinter der zweiten loxP-Sequenz (grüne, vertikale Linie) und der entsprechend angezeigten Sonde (grüne, horizontale Linie) (gp210^{+}: 20 kb, gp210$^{-(neo)}$, und gp210^{-}: 15 kb). PCR mit gp210 01 fwd und gp210 02 rev ergibt für gp210^{+} ein 416 bp-Fragment. **B**) Durch Deletion des ersten Exon kommt es zum KO von *Mm* gp210L. Genotypisierung von gp210L$^{-(neo)}$ erfolgte durch eine SpeI-Schnittstelle (vertikale, rote Linie) in NeoR (gp210L^{+}: 15 kb, gpL210$^{-(neo)}$: 10 kb) und angezeigter Sonde (rote, vertikale Linie). Nach Deletion der NeoR wird über eine zusätzliche XbaI-Site genotypisiert (gp210L^{+}: 13 kb, gp210L^{-}: 5.6 kb). PCR mit gp210L 01 fwd und gp210L 02 rev ergibt für gp210L^{+} ein 694 bp, für gp210L^{-} ein 503 bp-Fragment. **C**) KO von *Mm* POM121 wird durch Deletion von Exon 1 und 2 erreicht. Transgene Allele wurden über die XbaI-Schnittstelle in der NeoR detektiert (POM121^{+}: 20 kb, POM121$^{-(neo)}$: 15 kb, POM121^{-}: 17 kb). PCR mit POM121 01 fwd und POM121 02 rev ergab für POM121^{+} ein 577 bp-Fragment.

Das *Mm* gp210L-Gen befindet sich auf Chromosom 3, ist 107.883 bp lang, besteht ebenso aus 40 Exonen und kodiert für eine 1181 Aminosäuren lange Sequenz. Der Translationsstart liegt in Exon 1. Neben der Deletion der Signalsequenz führt der Wegfall dieses Exons auch zu einem *Frameshift*. Die Synthese von gp210L sollte so nicht mehr möglich sein. Auch hier wurde Exon 1 auf gleiche Weise durch eine von loxP-Sequenzen flankierte NeoR-Kassette ersetzt (Abbildung 14B). Ein gp210L$^{-(neo)/+}$-BTLMPI2-ES-Zellklon (93), durch Southern Blot mittels der SpeI-Schnittstelle der NeoR-Kassette identifiziert, wurde für die Herstellung transgener Mäuse verwendet (Abbildung 15B).

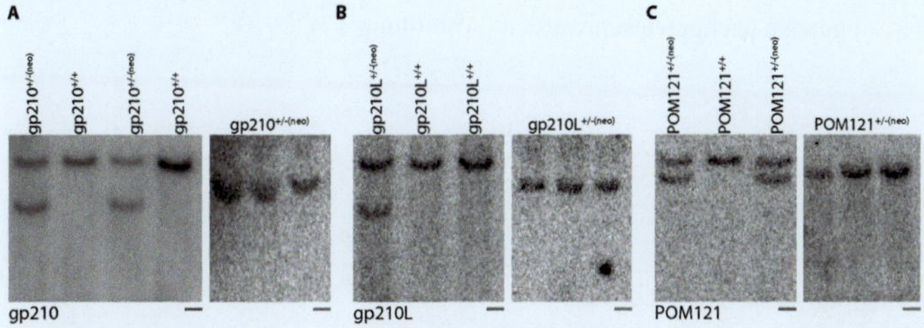

Abbildung 15: Rekombination von *Mm* ES-Zellen mit gp210-, gp210L- und POM121-Targetvektoren.

A) Spezifische Rekombination in gp210$^{+/-(neo)}$-ES-Zellen konnte durch Detektion einer zweiten Bande (links, Spur 1 und 3) nach XbaI-Verdau gezeigt werden, welche ebenfalls durch NeoR-Sonden markiert wurde (rechts, Spur 1 bis 3). **B**) Verdau genomischer DNA von gp210L$^{+/-(neo)}$-ES-Zellen mit SpeI ergab erwartetetes Bandenmuster (links, Spur 1). Nur das zusätzlich enstandene Fragment konnte mit NeoR-Sonden detektiert werden (rechts Spur 1 bis 3). **C**) XbaI-Verdau und Detektion mit XbaI-Sonden von genomischer DNA aus POM121$^{+/-(neo)}$-ES-Zellen zeigte zusätzliche Bande (links, Spur 1 und 3). Der Nachweis der einmaligen Integration der Target-DNA im Genom wurde durch EcoRV-Verdau und Markierung mit NeoR-Sonden durchgeführt und ergab die Detektion eines 19 kb großen Fragments in POM121$^{+/-(neo)}$-Klonen (rechts, Spur 1 bis 3).

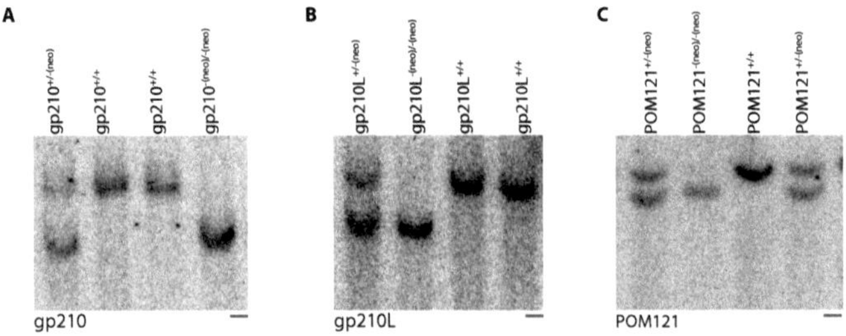

Abbildung 16: Identifikation homozygoter gp210-, gp210L und POM121-KO.
A) Mit XbaI-verdauter genomischer DNA aus Schwanzspitzen konnten gp210$^{-(neo)/-(neo)}$ (Spur 4) im Southern Blot identifiziert werden. **B**) gp210L$^{-(neo)/-(neo)}$-Mäuse wurde durch SpeI-Verdau genomischer Schwanz-DNA detektiert (Spur 2). **C**) Mit XbaI-verdaute genomische DNA aus der Hülle d10.5 Embryonen heterozygoter POM121-KO-Verpaarungen zeigt Wildtyp-Allel (Spur 3) und heterozygoten KO (Spur 1 und 4) in normal entwickelten Embryonen (histopathologisch bestätigt), den homozygoten POM121-KO (Spur 2) jedoch nur im toten, bereits teilweise resorbiertem Embryo.

Homozygote gp210-KO (gp210$^{-(neo)}$)- ebenso wie gp210L-KO (gp210L$^{-(neo)}$)-Mäuse (Abbildung 16A+B) sind vital, fertil und phänotypisch unauffällig. Die histologische Untersuchung der gp210(L)-KO-Gewebe zeigte keine pathologischen Veränderungen im Vergleich zu Wildtyp-Tieren. Trotz der exklusiven Expression von gp210L in Testis konnte auch im gp210L-KO-Männchen eine normale Hodenhistologie und eine aktive Spermiogenese nachgewiesen werden (Abbildung 17).

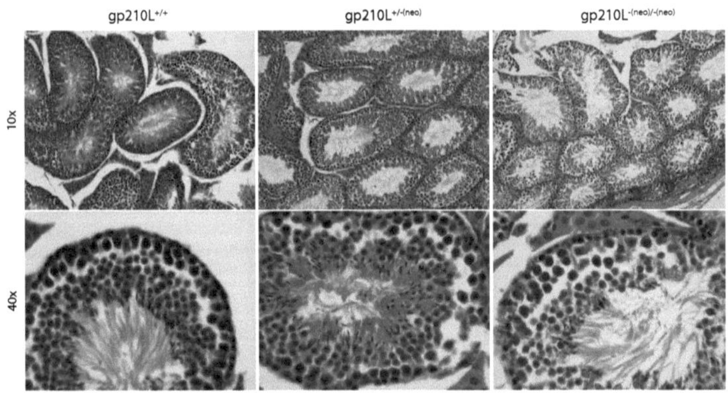

Abbildung 17: ***Mm*** **gp210L-KO-Hoden.**
HE-Färbung der Hoden zeigt aktive Spermiogenese trotz deletiertem gp210L.

Ob die Fertiltät der gp210L-KO-Männchen im Vergleich zu Wildtyp-Männchen möglicherweise eingeschränkt ist, werden weitere Verpaarungsanalysen zeigen. So waren einige, bisher verpaarte gp210L-Männchen nicht in der Lage, Nachwuchs zu erzeugen. Der Western Blot mit Proben aus Gehirn und Hoden beider Knockout-Tiere zeigte die jeweilige erfolgreiche Deletion auch auf Proteinebene (Abbildung 18.) So wird im gp210-KO-Gehirn keines der beiden homologen Proteine exprimiert, dagegen zeigte sich im Testis eine dezente Hochregulation von gp210 im gp210L-KO-Tier und vice versa. Möglich dass hier Funktionen des fehlenden Porins durch die homologe Variante übernommen werden. Quantitative mRNA-Analysen werden dies genauer betrachten können. Sollte hier die Expression mindestens eines dieser Nukleoporine für die Reifung erfolgreicher Spermien nötig sein, wird die gleichzeitige Deletion von gp210 und gp210L eine Reduktion oder den Verlust der Reproduktionsfähigkeit verursachen.

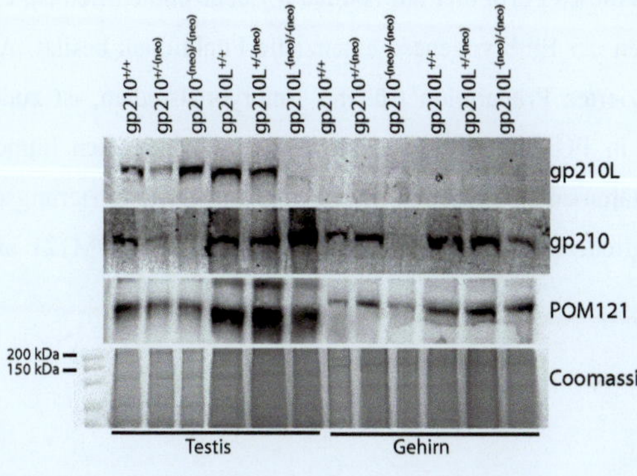

Abbildung 18: Western Blot gp210- und gp210L-KO-Gewebe
Der Western Blot zeigt den Proteinnachweis von gp210, gp210L und POM121 in Testis- und Gehirn-Lysaten von Mäusen angegebener Genotypen. Coomassie Blau-Färbung identisch zum Western Blot beladener Gele zeigt entsprechende Proteinkonzentrationen.

4.2 Knockout von *Mm* POM121

Das *Mm* POM121-Gen befindet sich auf Chromosom 5, ist 18.405 bp lang, besteht aus 13 Exonen und kodiert für eine 1200 Aminosäuren lange Sequenz. Der Signalanker zur Integration in die Kernmembran wird von Exon 1 kodiert. In früheren Studien wurde jedoch gezeigt, dass dieses Signal nicht für den Einbau in den Kernporenkomplex notwendig ist, stattdessen vermitteln dies zentrale Teile von POM121 ((Söderqvist *et al.*, 1997), Abbildung 2A). Durch Deletion von Exon 1 und 2 werden Signalanker und zentrale Anteile von POM121 entfernt (Abbildung 14C). Die Herstellung transgener ES-Zellen erfolgte wie bereits in 4.1 beschrieben. Mit POM121$^{-(neo)/+}$-BTLMPI2-ES-Zellklon 136, der durch eine zusätzlich eingefügte XbaI-Schnittstelle im Southern Blot identifiziert wurde (Abbildung 15C), konnten entsprechend transgene Mäuse hergestellt werden. Mit der Verpaarung zur Entfernung der NeoR-Kassette durch die CMV-Cre-Rekombinase wurde während dieser Arbeit begonnen. Die Verpaarung phänotypisch unauffälliger POM121$^{-(neo)/+}$-Mäuse führte bei 89 Nachkommen bisher nicht zu lebenden homozygoten POM121-KO-Mäuse. Eine erste Untersuchung 20 verschiedener Embryonen (dpc 10.5 und dpc 12.5) führte zur Identifikation nur weniger bereits am Tag 10.5 nach Befruchtung toter und resorbierter, aber homozygoter POM121$^{-(neo)/-(neo)}$-Mäuse (Abbildung 16C). Daher ist davon auszugehen, dass zwar die frühe Embryonalentwicklung in Maus ohne POM121 möglich und dieses Porin hier auf zellulärer Ebene entbehrlich ist, es jedoch in späteren Abschnitten der Embryogenese essenzielle Funktionen besitzt. Aufgrund der technisch komplizierten Präparation früherer Embryonalstadien, ist zudem eine funktionelle Analyse in POM121-KO-ES-Zellen, von 8-Zell-Stadien homozygoter KO-Embryonen abstammend, geplant. Hier können Differenzierungsprozesse simuliert und so mögliche Beeinträchtigungen durch fehlendes POM121 analysiert werden.

5. Diskussion

5.1 Ausschluss von Tubulin aus dem Zellkern

Die komplexe Organisation der meisten zellulären Prozesse in exklusiven Reaktionsräumen erfordert die möglichst vollkommene Trennung kompartimentspezifischer Bestandteile voneinander. So müssen zytoplasmatische Komponenten, wie die des Translationsapparates, aus dem Kern gehalten werden, um, wie bereits in der Einleitung erläutert, die korrekte Expression intronhaltiger Gene zu ermöglichen. Zum Schutz der Kernmorphologie und möglicherweise weiterer Funktionen des Zellkerns müssen zudem zytoskeletale, störende Filamente bildende Elemente des Zytoplasmas, wie Aktin und Tubulin, extranukleär bleiben. So ist der nukleäre Export des nur 42 kDa schweren und damit durch die Pore diffundierenden Aktins durch Exp6 in humanen und Insekten-Zellen beschrieben und in Drosophila auch auf organismischer Ebene essenziell zum Überleben (Stueven *et al.*, 2003; Bohnsack *et al.*, 2006). Die Deletion von Exp6 in Maus wird zeigen, ob dies auch für Säuger zutreffend ist oder ob sich seine Funktion auf Aktin-reiches Muskelgewebe beschränkt und dieser Phänotyp vergleichbar mit durch Aktin-Mutationen verursachten Nemalin-Myopathien in Menschen sein wird (Laing *et al.*, 2009). Für Tubulin ist der Export durch Exp7 in *Xenopus* Oozyten gezeigt worden, wo dieser durch Exp7-Antikörper gehemmt und durch rekombinantes Exp7 verstärkt werden kann (Bohnsack, nicht publiziert). Während der Interphase gelangen vermutlich nur wenige etwa 110 kDa schwere Tubulindimere durch die Permeabilitätsbarriere der Kernpore, was erst nach längerer Akkumulation zu toxischen intranukleären Tubulin-Konzentrationen führt.

In der Mitose jedoch ist Tubulin Hauptbestandteil der Mitosespindel (Fuller *et al.*, 1975) und über die Kinetochore eng mit Chromatin verbunden. Hier ergeben verschiedene Mitose-Szenarien eukaryotischer Zellen unterschiedliche Tubulin-Transportanforderungen vor und nach der Zellteilung. Die meisten Eukaryoten durchlaufen eine offene Mitose, wobei Kernmembran und Kernporen völlig deassembliert werden und Tubulin-Filamente der im Zytoplasma entstehenden Mitosespindel so Zugang zu den Zentromeren der Chromosomen bekommen (Robbins und Gonatas,

1964). In niederen Eukaryoten wie *S. cerevisae* und *S. pombe* finden dagegen geschlossene Mitosen statt (Swaminathan und Ganesan, 1958), bei der die Kernmembran intakt bleibt (De Souza und Osmani, 2007). Hier befindet sich der Spindelpolkörper, das Äquivalent zytoplasmatischer Zentrosomen (Wilson, 1897) tierischer Zellen in Hefen und Pilzen (Moens und Rapport, 1971; Aist und Williams, 1972), integriert in der Kernmembran. Tubulin muss vor und während der geschlossenen Mitose durch die noch intakte Kernmembran in den Zellkern gelangen können. In Übergangsformen, wie den semi-offenen Mitosen in *A. nidulans* (Robinow und Caten, 1969; De Souza *et al.*, 2004) oder in Drosophila-Embryonen (Paddy *et al.*, 1996) werden durch die Deassemblierung nur zentraler, FG-*Repeat*-haltiger Nukleoporine Poren permeabler, was eine passive Diffusion auch größerer Moleküle in beide Richtungen erlaubt (Suelmann *et al.*, 1997; Osmani *et al.*, 2006). So wird der nukleäre Eintritt von Tubulin während dieser Mitosen möglich (Ovechkina *et al.*, 2003). In *S. cerevisae* dagegen wird eine nukleäre Lokalisation von Tubulin trotz intakter Kernporen möglicherweise neben mitotischen Veränderungen von Porinen, wie der Phosphorylierung von Nup53 (Makhnevych *et al.*, 2003), auch durch hier fehlendes Exp7 und damit fehlendem Tubulin-Export erleichtert. Vermutlich sind hier aufgrund der intranukleären Bildung der Mitosespindel höhere Tubulin-Konzentrationen auch im interphasischen Zellkern tolerierbar und der aktive Tubulin-Export daher nicht essenziell.

Die komplette Deassemblierung der nukleären Membran und der Kernporen während der offenen Mitose erfordert gegenüber der geschlossenen Variante zusätzliche regulatorische Mechanismen, wie eine zeitliche und räumliche Kontrolle der Reassemblierung der Zellkernmembran als auch die Wiederherstellung der Trennung zyto- und nukleoplasmatischer Bestandteile. So werden zum Beispiel regulative Komponenten der Mitose, wie dephosphorylierte, inaktivierte MAP-Kinasen (Zheng und Guan, 1993) durch CRM1 (Ferrigno *et al.*, 1998) postmitotisch wieder zytoplasmatisch lokalisiert. Zu diesem Zeitpunkt muss auch Tubulin wieder aus dem Kern ausgeschlossen werden. Diese Aufgabe übernimmt in höheren Eukaryoten möglicherweise erst hier vorkommendes Exp7.

Ob der Exp7-vermittelte Tubulin-Export *in vivo* der Wiederherstellung und dem Erhalt der exklusiv zytoplasmatischen Tubulin-Lokalisation dient, sollte in dieser Arbeit untersucht werden. Erste Versuche, über eine RNAi-vermittelte Reduktion diese und weitere Funktionen von Exp7 in humanen Zellen zu untersuchen, führten jedoch auch bei erniedrigten Mengen des Rezeptors zu einer nur sehr schwachen Tubulin-Akkumulation im Kern.

Im Zellkern getrapptes Exp7 führte zur Tubulin-Filamentbildung im Kern, was nach kurzer Zeit zum Absterben der Zellen führte. Hier war zu sehen, dass α-Tubulin in den Kern gelangen und von Exp7 auch intrazellulär gebunden werden kann. Der schnelle Zelltod verhinderte jedoch eine genauere Analyse und es war nicht auszuschließen, dass andere Bindungspartner von Exp7 oder dem Trappermolekül zu diesem drastischen Phänotyp beitrugen. Um eine vollständige Deletion von Exp7 zu erreichen und so die biologische Relevanz und die Notwendigkeit von Exp7 *in vivo* zu untersuchen, entschieden wir uns zur Herstellung einer Exp7-KO-Maus.

5.1.1 Phänotypfreie Deletion von Exp7 in Geweben der Maus

Dieser Knockout führte zu einer phänotypfreien Deletion von Exp7 in fast allen getesteten Geweben. Da auch in mittlerweile bis zu elf Monate alten Mäusen keine negativen Auswirkungen zu detektieren waren, ist die Expression von Exp7 hier nicht essenziell. Mögliche akkumulierende Exp7-Substrate könnten durch andere Exportrezeptoren mit breitem Frachtspektrum zytoplasmatisch gehalten werden. So wird zum Beispiel die Serin-/Threoninkinase LKB1 neben Exp7 auch von CRM1 aus dem Kern exportiert (Dorfman und Macara, 2008). Eine daraus resultierende erhöhte Sensitivität gegenüber Leptomycin B, einem CRM1-Inhibitor, konnte jedoch in ersten Versuchen in isolierten $Exp7^{\Delta 1\text{-}6}$-Fibroblasten nicht festgestellt werden (Daten nicht gezeigt). Weiterhin wurde für Tubulin keine Bindung und kein Export durch andere bisher bekannte Exportrezeptoren detektiert (Bohnsack, nicht publiziert).

Die Expression des bisher noch nicht charakterisierten, eng verwandten Exp7-Paralogs RanBP17 (66% Sequenzidentität) wurde in humanen Geweben bisher nur im Hoden detektiert (Koch *et al.*, 2000). Eine entsprechende Funktionsübernahme in anderen Geweben ist daher ebenfalls unwahrscheinlich.

Wie also wird Tubulin ohne Exp7 hier zytoplasmatisch gehalten? Da Tubulin in seiner dimeren Form relativ groß und stark geladen ist, ist die Passage durch das hydrophobe, enge Netzwerk der Permeabilitätsbarriere der Pore möglicherweise nur im minimalen, nicht signifikanten Ausmaß möglich, wofür in gesunden Zellen kein aktiver Export nötig ist. Da nur ungebundenes, nicht-filamentöses Tubulin die Pore passieren kann, ist die Polymerisation von Tubulin möglicherweise ebenfalls ein effizientes Mittel der Zelle, den Kern Tubulin-frei zu halten. D'Angelo et al. zeigten jedoch die Akkumulation von Tubulin in neuronalen Zellkernen 28 Monate alter Ratten (Lebensspanne zwei bis drei Jahre) und vermuteten dies als Konsequenz durch oxidative Einflüsse gealterter, durchlässig gewordener Kernporen (Dangelo *et al.*, 2009). Die in jener Studie erfolgte Präparation isolierter Zellkerne aus Geweben geht jedoch fast immer einher mit einer Schädigung der Kernmembran, wodurch sich die nukleäre Akkumulation des besonders im Gehirn massiv vorkommenden Tubulins (Estridge und Bunge, 1978) erklären lassen würde. Zudem vernachlässigt D'Angelo die Möglichkeit eines aktiven Tubulin-Exportes, dessen essenzielle Natur möglicherweise erst in sehr späten Lebensphasen oder in pathologischen Degenerations-Szenarios zum Tragen kommt. So konnte in dieser Studie im Gehirn einer 15 Monate alten Wildtyp-Maus (Lebensspanne neun bis zwölf Monate) durch immunologische Detektion im intakten Gewebe kein nukleäres Tubulin nachgewiesen werden, was gegen alternde Poren und für einen Tubulin-Ausschluss spricht. Die Analyse homozygoter Exp7$^{\Delta 1\text{-}6}$-Mäuse in entsprechendem Alter wird eine mögliche Exp7-Funktion in diesem Zusammenhang zeigen können.

Interphasische Zellen in jungen Mäusen können offenbar ohne Exp7 Tubulin aus dem Zellkern halten. Wie jedoch wird die nukleäre Exklusion von Tubulin der Mitosespindel nach der Mitose Exp7-frei bewerkstelligt? Möglicherweise kann die Biogenese der Kernmembran um an Chromatin-gebundene Vorläuferkernporenkomplexe (Hase und Cordes, 2003; D'Angelo *et al.*, 2006; Franz *et al.*, 2007; Dultz *et al.*, 2008) den Ausschluss von Tubulin auf mechanischem Wege bewirken. Durch Impβ kann, wie bereits in der Einleitung erläutert, der Ort der Kernporenbiogenese und damit die genaue Lokalisation der Kernmembran reguliert werden und diese eng um Chromatin gebildet werden (Clarke und Zhang, 2004; Wagstaff und Jans, 2009). Auch könnte Tubulin nach der Deassemblierung der Mitosespindel von anderen Bindungspartnern oder durch folgende Re-Polymerisation und Einbindung im Zytoskelett in seiner räumlichen Lokalisation kontrolliert und so vom Ort des Geschehens (dem neuen Zellkern) ferngehalten werden.

Während Mäuse und damit Säuger hier offensichtlich einen Exp7-unabhängigen Weg des Ausschlusses von Tubulin aus dem Kern entwickelt haben, könnte Exp7 in Amphibien und anderen Spezien hierfür noch benötigt werden. So ist in *Xenopus* Oozyten der Exp7-vermittelte Export von Tubulin eindeutig nachweisbar (Bohnsack, nicht publiziert) und möglicherweise auch in *in vivo* funktionell. Zudem sind *Ce* Exp7

(C35A5.8)-Deletionsmutationen letal für *C. elegans* (www.wormbase.org). Auch Pflanzen-Exp7 (AT5G06120.1-P in *A. thaliana*, 44% Sequenzidentität im Vergleich zu *Hs* Exp7) entzog sich bisher jeder experimentellen Aufmerksamkeit. Die Analyse der Exp7-Bindungspartner in diesen Organismen sowie des Phänotyps einer Exp7-Deletion, könnte zeigen, ob eine essenzielle Exportfunktion hier noch vorhanden ist und ob diese neben Tubulin für weitere zytoplasmatische Komponenten benötigt wird.

Ob Säuger ihr Tubulin durch andere bisher nicht identifizierte oder beschriebene Exportrezeptoren extranukleär halten oder einen export-unabhängigen Weg gefunden haben, ließe sich vermutlich durch Identifikation bisher uncharakterisierter, vermutlich nur in Kernextrakten detektierbarer Bindungspartner von Tubulin *in vivo* untersuchen.

5.1.2 Entwicklungsspezifische Expression von Exp7B in Blut?

Überraschender Weise konnten im Blut auch in $Exp7^{\Delta 1-6}$-homozygoten Tieren deutliche Exp7-Mengen nachgewiesen werden. Die Sequenzierung aus Wildtyp-Blut gewonnener cDNA führte zur Identifizierung eines alternativen ersten Exons. Auch in Menschen (*Hs* XPO7-202) und in Ratten (*Rn* Q5U3Y1_RAT) lassen sich Varianten mit fast identischen Anfängen dieser Exp7-Form wiederfinden. Zudem befindet sich dieses Exon nur wenige Basenpaare vor Exon 2.

Da über 99% des Volumens zellulärer Bestandteile im Blut Erythrozyten sind, findet die Synthese der Exp7-Isoform Exp7B vermutlich hier statt. *In silico* Analysen bei der Vorbereitung des Knockouts hatten gezeigt, dass die 400 Basenpaare vor Exp7B im Mausgenom kaum mögliche Transkriptionsstartpunkte beinhalteten (Mouse Assembly M8, maximaler Wert: -0.5). Die Expression von Exp7B in Erythrozyten wird daher vermutlich durch spezifische Transkriptionsfaktoren „angeschaltet", die in anderen Geweben nicht aktiv sind. Möglicherweise führt die „abgeschaltete" Exp7B-Expression dort zur Nutzung des weitentfernt liegenden ersten Exons von Exp7, dass laut *in silico*-Analyse über eine 5'UTR mit hoher Transkriptionsstart-Wahrscheinlichkeit verfügt. Welche der beiden Exp7-Formen in welchen Geweben exprimiert werden, wird sich in zukünftigen, immunologischen Detektionen mit isotyp-spezifischen Antikörpern bestimmen lassen.

5.1.3 Mögliche Funktionen von Exp7B in Erythrozyten

Erythrozyten entstehen im adulten Säuger im Knochenmark aus pluripotenten Stammzellen unter dem Einfluss von Erythropoetin, GM-CSF, IL-3 und IL-4 (Ross und Pawlina, 2006). Pro-Erythroblasten besitzen noch ihren Zellkern, der mit jeder mitotischen Teilung kleiner und reicher an Heterochromatin wird. Innerhalb einer Woche verlieren sie den Zellkern und die meisten ihrer Ribosomen (Grasso *et al.*, 1962; Rifkind *et al.*, 1964), die bis dahin hauptsächlich Hämoglobin synthetisiert haben. In diesem Stadium verlassen Erythrozyten das Knochenmark und gelangen in den Blutkreislauf, um O_2 und CO_2 im Organismus zu transportieren. Ihre typische Form, eine bikonkave Scheibe, erhält der Erythrozyt durch ein mit der Plasmamembran verankertes Zytoskelett aus Spektrinfilamenten. Diese tetrameren Filamente sind über Komplexe aus Band 4.1, Band 4.2, Adductin, Tropomysoin und kurzen Aktinfilamenten untereinander als auch über die membran-integrierten Proteine Glycophorin und Band 3 mit der Plasmamembran verbunden (Chakrabarti *et al.*, 2006). Mit Hilfe dieses Netzwerkes erhalten rote Blutkörperchen ihre Elastizität und können so dem großen mechanischen Stress im Blutstrom und bei der Passage kleinster Kapillaren standhalten (Ross und Pawlina, 2006; Alberts, 2008).

Bereits in einer vorangegangen Studie wurde gezeigt, dass in differenzierenden Erythroblasten Exp7-mRNA verstärkt synthetisiert wird (Koury *et al.*, 2007). In diesem Stadium sind die Zellen nicht mehr zur Mitose fähig und stehen kurz vor dem Verlust des Zellkerns (Koury *et al.*, 1989). Koury et al. vermuteten hier eine Beteiligung von Exp7 am Kernexport von Faktoren, die die Kondensierung der DNA oder den Transkriptionsstop stören könnten (Koury *et al.*, 2007). Da Exp7B sich in großer Menge in Erythrozyten im Blut, hier bereits ohne Zellkern, nachweisen lässt, könnte es daneben noch weitere Export-unabhängige Funktionen besitzen. Denkbar ist, dass Exp7B blutspezifische Proteine binden kann, die nicht in HeLa-Zellextrakten vorhanden und daher bisher unbekannt sind.

So könnte Exp7 auch am Aufbau des Zytoskeletts roter Blutkörperchen beteiligt sein. Seine Deletion in Maus würde dann einen ähnlichen Phänotyp hervorbringen wie Mutationen in Spektrin- oder Band 4.1-Genen. Durch solche Veränderungen entstehen runde Erythrozyten, die bei mechanischem Stress zur Hämolyse neigen und im Organismus so zu einer Anämie führen (Eber und Lux, 2004; Gallagher, 2004). Auch könnte Exp7 als Sensor für den erfolgreichen Ausschluss des Zellkerns dienen.

Eine Deletion würde in diesem Fall zu einer erhöhten Zahl kernhaltiger Erythrozyten im Blutstrom führen.

Der Knockout von Exp7B in Maus wird demonstrieren können, ob und wie Exp7B essenziell für die Bildung evolutionär moderner roter Blutkörperchen ist und sich aus diesem Grund in allen bisher untersuchten Vertebraten in hoch konservierter Form finden lässt (Abbildung 19). Die Arbeiten zur Herstellung dieses Knockouts sind in Gange.

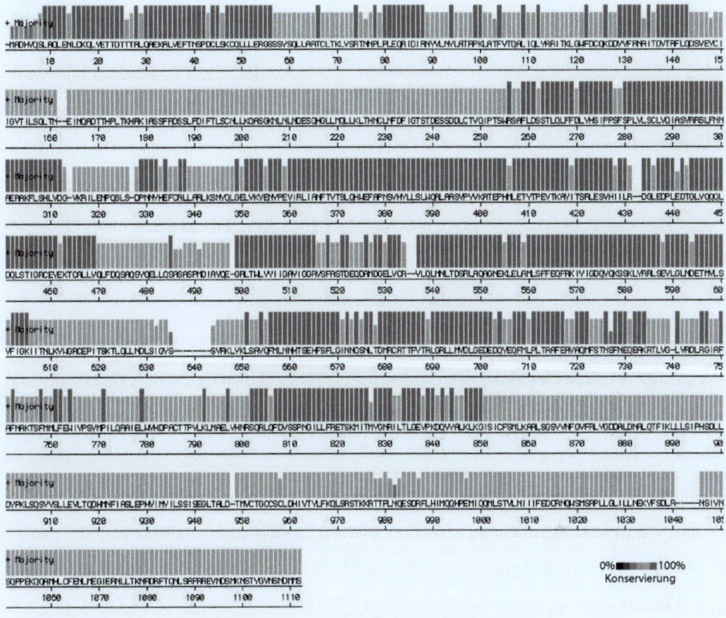

Abbildung 19: Konsensus-Sequenz 25 vertebraler Exp7-Sequenzen.
Alignment 25 verschiedener Exp7-Aminosäuresequenzen von Vertebraten ergibt dargestellte Konsensussequenz (MegAlign, Lasergene 8). Der hohe Konservierungsgrad ist durch die hohe Anzahl 100% (rot) konservierter Aminosäuren zu erkennen. Nicht konserviert dagegen sind die ersten sechs Aminosäuren, die bei der hier verwendeten genetischen Manipulation deletiert waren (*Mm* Exp7$^{\Delta 1-6}$).

5.2 Welche membran-integrierten Nukleoporine sind *in vivo* essenziell?

Keines der bisher bekannten membran-integrierten Nukleoporine höherer Eukaryoten ist universell konserviert oder universell exprimiert. So sind Ndc-1- (Stavru *et al.*, 2006a), gp210- (Olsson *et al.*, 2004; Stavru *et al.*, 2006b), gp210L- (Nautrup-Pedersen, nicht publiziert, (Baker *et al.*, 2008)) und POM121- (Stavru *et al.*, 2006b) defiziente Zellen grundsätzlich in der Lage, funktionstüchtige Poren auszubilden. Ndc1-defiziente Säugerzellen zeigen jedoch schwere Beeinträchtigungen beim Aufbau nukleäer Poren, Ndc1-depletierte Würmer zeichnen sich durch eine stark reduzierte Vitalität und Fertilität aus (Stavru *et al.*, 2006a). Eine Deletion dieses Porins in Maus ist mit hoher Wahrscheinlichkeit in frühen embryonalen Entwicklungsstadien letal. Daher erfolgte im Rahmen dieser Arbeit kein Ndc1-Knockout in Maus.

Denkbar ist, dass die Evolution weiterer Porine, wie gp210 oder POM121, eine komplexere Regulation der Funktion und Biogenese von Kernporen ermöglicht hat, und diese Porine gewebe- und entwicklungsspezifische Funktionen übernommen haben. Das würde erklären, warum sie auf zellulärer Ebene entbehrlich sind. Es stellte sich die Frage, wie viele und welche membran-integrierten Nukleoporine ein Säuger bzw. ein Gewebe wirklich bedarf. Sind diese Funktionen möglicherweise redundant verteilt, um so die konstitutive Funktionalität der Pore sicher zustellen? Dienen sie tatsächlich der Verankerung oder ist diese auch ohne weitere membran-integrierte Nukleoporine (Aaronson und Blobel, 1974) durch Membran-Interaktionen anderer Porine, wie Nup133 (Drin *et al.*, 2007; Fernandez-Martinez und Rout, 2009), möglich? Die Deletionen von gp210, gp210L und POM121 in Mäusen sollten zeigen, ob es ohne diese Porine zu einer beeinträchtigten Verankerung oder Biogenese von Kernporen kommt und ob sich dies ubiquitär oder nur in bestimmten Geweben, zu bestimmten Entwicklungszeitpunkten der Maus manifestieren würde.

5.2.1 gp210 und/oder gp210L?

Die Deletion von gp210 oder gp210L führte zu vitalen und fertilen Mäusen. Die gleichzeitige Anwesenheit und Funktion beider Gene ist somit nicht essenziell. So zeigt der Proteinnachweis im Gehirn, dass hier weder in Wildtyp- noch in gp210-KO-

Tieren gp210L exprimiert wird. Hier und vermutlich in fast allen Geweben kann vollkommen auf ihre Anwesenheit verzichtet werden.

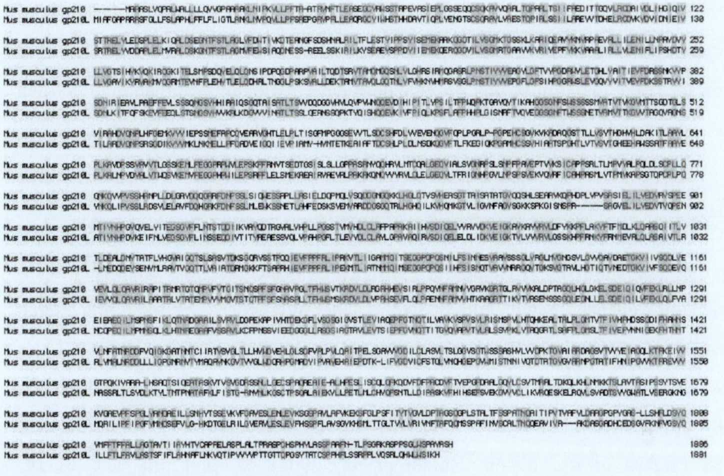

Abbildung 20: Alignment *Mm* gp210 und *Mm* gp210L.
Aufgrund ähnlicher Aminosäure-Sequenzen (MegAlign, Lasergene 8) sind gp210 und gp210L möglicherweise in der Lage die Funktionen des jeweils anderen Homologs bei dessen Deletion zu übernehmen.

Die gleichzeitige Deletion beider Porine wird zeigen, ob dies auch im Hoden möglich ist oder die Expression mindestens eines der gp210-Homologe auf organismischer Ebene zum Leben oder Vermehren essenziell ist. Neben der Beteiligung an möglichen Kernporenkomplex-Umlagerungen im Reifungsprozess von Spermatiden (Fawcett und Chemes, 1979) könnten gp210 oder gp210L eine Rolle kurz nach der Befruchtung der Eizelle haben. Zur Vereinigung beider Chromosomensätze findet in Säugern statt einer Verschmelzung maternaler und paternaler Zellkerne der Zusammenbruch beider Kernmembranen im Zuge der ersten mitotischen Teilung der Zygote statt (Kunkle und Longo, 1975). Eine Beteiligung von gp210 an der dafür notwendigen Deassemblierung des nukleären Lamin-Netzwerkes während der ersten Zellteilungen eines entstehenden Wurmes (*C. elegans*) ist bereits bekannt (Galy *et al.*, 2008). Bemerkenswert ist, dass nur die ersten Zellteilungen von gp210-depletierten *Ce* Zygoten hier zu sogenannten „Zwillingskernen" führen, spätere Mitosen sind davon nicht mehr betroffen. Auch wenn der Fortpflanzungsmechanismus des Wurmes sich stark von dem der Maus unterscheidet, könnte die Vereinigung genomischen Materials zweier Zellkerne innerhalb einer Zelle auf ähnlichen molekularen Mechanismen beruhen. Denkbar ist, dass erst ein Fehlen beider gp210-Homologe (Abbildung 20) zum vollständigen Funktionsverlust und zu einem vergleichbarem Phänotyp in Mäusen führt. Ob daher die Expression in Spermien oder auch in Eizellen eines dieser Homologe notwendig für eine normale Entwicklung zum adulten, fertilen Tier ist, wird sich in Zukunft in $gp210^-/gp210L^-$-Mäusen untersuchen lassen.

5.2.2 Braucht die Maus POM121 in ihrer Kernpore?

Das evolutionär moderne Nukleoporin POM121 ist bisher nur in Vertebraten nachgewiesen, eine ebenso „junge" Funktion kann daher möglicherweise nicht von älteren Porinen, wie gp210 oder Ndc1, übernommen werden. So verfügt POM121 als einziges vertebrales, membran-integriertes Nukleoporin zum einen über einen FG-*Repeat*-Teil, der vermutlich ein Anker für andere Nukleoporine, wie Nup62 und Nup358 (Stavru *et al.*, 2006b; Rasala *et al.*, 2008) ist, und mit dem es zur Permeabilitätsbarriere nukleärer Poren beitragen kann (Stavru *et al.*, 2006b). Des Weiteren besitzt es ein NLS, das bei der Biogenese neuer Poren als auch bei Transportvorgängen eine Rolle spielen könnte (Doucet *et al.*, 2010; Yavuz *et al.*, 2010). Ob POM121 auf zellulärer Ebene essenziell für die Porenbiogenese ist, wurde bisher kontrovers diskutiert. So konnten Stavru et al. keine Beeinträchtigungen in POM121-depletierten Zellen feststellen (Stavru *et al.*, 2006b), während andere Studien seine essenzielle Beteiligung an der Kernporenbiogenese in der Interphase vermuten lassen (Doucet *et al.*, 2010). Das Vorhandensein zweier funktioneller POM121-Gene in Menschen (Funakoshi *et al.*, 2007) erschwert die Analyse seiner Aufgaben in, wie bisher hauptsächlich verwendeten, humanen Zellkulturen. Nager dagegen verfügen nur über ein POM121-Gen, dessen Deletion in Maus daher zum vollständigen Funktionsverlust führen sollte. Wie und ob ein Überleben ohne POM121 nicht nur auf zellulärer Ebene, sondern auch *in vivo* möglich ist, sollte auf diesem Wege untersucht werden. Tatsächlich konnte bisher in 89 Nachkommen heterozygoter POM121-KO-Mäuse noch kein lebendes homozygotes POM121-KO-Tier identifiziert werden. Eine anschließende Untersuchung früher Embryonalstadien führte jedoch zur Identifikation zwar nicht mehr lebendiger, aber homozygoter POM121-KO-Embryo-Überreste vom zehnten Tag nach der Befruchtung. Dies zeigt, dass eine frühe Embryonalentwicklung auch ohne POM121 möglich ist. So erfolgt die Implantation des Embryos im Uterus erst am fünften Tag der Embryogenese (Perona und Wassarman, 1986; Petrus *et al.*, 2004) und erst durch weitere Entwicklung des Embryos kann es zu isolierbaren d10.5-Embryonen oder ihrer Überreste kommen. Erste Differenzierungsprozesse eines Mausembryos beginnen bereits am zweiten Tag ihrer Entwicklung, ausgehend vom achtzelligen Blastomer hin zur Blastozyste, die bereits aus zwei verschiedenen Zelltypen, den äußeren trophoektodermalen Zellen sowie der inneren Zellmasse, besteht (Dyce *et al.*, 1987). Hier wird die Integration neuer Kernporen sowohl nach der Mitose als auch in der Interphase essenziell sein und findet offensichtlich in unserem KO ohne POM121 statt. Zu vermuten ist daher, dass POM121 erst nach dem fünften Tag, möglicherweise gewebespezifische Funktionen übernimmt, die nur auf organismischer, nicht aber auf zellulärer Ebene unerlässlich sind. So beginnt am sechsten Tag der Embryogenese die Gastrulation mit der Ausbildung der drei Keimblätter Meso- Ekto- und Endoderm. Erste Differenzierungen zu späteren Organen führen bereits am neunten Tag zu einer primitiven Herzanlage und zu einer morphologisch erkennbaren bilateralen, symmetrischen Organisation (Tam und Behringer, 1997; Lu *et al.*, 2001). Da während dieser Phase offensichtlich das Fehlen von POM121 zur Letalität führt, sollen in embryonalen Stammzellen aus POM121-KO-Blastomeren entsprechend fehlende Funktionen analysiert werden. Hier können auf zellulärer Ebene verschiedene Differenzierungsprozesse simuliert und die durch POM121-Deletion verursachten Beeinträchtigungen identifiziert werden.

5.3 Ausblick

Meine zukünftige Arbeit wird sich der Charakterisierung der neu identifizierten Isoform Exp7B und ihrer Funktion auf zellulärer und organismischer Ebene widmen. In fernerer Zukunft wird der Phänotyp einer Exp6-Deletion analysiert werden können und so möglicherweise einen Zusammenhang zwischen behinderten Aktin-Kern-export und einiger Nemalin-Myopathien aufzeigen können. Des Weiteren wird sich in naher Zukunft zeigen, zu welchem Zweck POM121 im Leben einer Maus gebraucht wird. Die gleichzeitige Deletion von gp210 und gp210L wird klären, ob sich ihre Funktionen in frühen Zellteilungen der Zygote, wie gp210 selbst, auch, vom Wurm bis Maus erhalten haben. Es bleibt spannend.

6. Literatur

Aaronson RP, Blobel G (1974) On the attachment of the nuclear pore complex. *The Journal of Cell Biology*, **62:** 746–754

Adam SA (2001) The nuclear pore complex. *Genome Biol*, **2:** REVIEWS0007

Adam SA, Gerace L (1991) Cytosolic proteins that specifically bind nuclear location signals are receptors for nuclear import. *Cell*, **66:** 837–847

Adam SA, Marr RS, Gerace L (1990) Nuclear protein import in permeabilized mammalian cells requires soluble cytoplasmic factors. *J Cell Biol*, **111:** 807–816

Aist JR, Williams PH (1972) Ultrastructure and time course of mitosis in the fungus Fusarium oxysporum. *J Cell Biol*, **55:** 368–389

Akey CW, Radermacher M (1993) Architecture of the Xenopus nuclear pore complex revealed by three-dimensional cryo-electron microscopy. *The Journal of Cell Biology*, **122:** 1–19

Alberts B, Johnson, A., Walter, P., Lewis, J., Raff, M., Roberts, K. (2008) *Molecular Biology of the Cell*. Taylor & Francis Ltd,

Allen NP, Patel SS, Huang L, Chalkley RJ, Burlingame A, Lutzmann M, Hurt EC, Rexach M (2002) Deciphering networks of protein interactions at the nuclear pore complex. *Mol Cell Proteomics*, **1:** 930–946

Andersson M, Sjöstrand J, Petersen A, Honarvar AK, Karlsson JO (2000) Caspase and proteasome activity during staurosporin-induced apoptosis in lens epithelial cells. *Invest Ophthalmol Vis Sci*, **41:** 2623–2632

Andrade MA, Bork P (1995) HEAT repeats in the Huntington's disease protein. *Nat Genet*, **11:** 115–116

Antonin W, Ellenberg J, Dultz E (2008) Nuclear pore complex assembly through the cell cycle: regulation and membrane organization. *FEBS Lett*, **582:** 2004–2016

Antonin W, Franz C, Haselmann U, Antony C, Mattaj IW (2005) The integral membrane nucleoporin pom121 functionally links nuclear pore complex assembly and nuclear envelope formation. *Mol Cell*, **17:** 83–92

Baker MA, Hetherington L, Reeves GM, Aitken RJ (2008) The mouse sperm proteome characterized via IPG strip prefractionation and LC-MS/MS identification. *Proteomics*, **8:** 1720–1730

Baribault H, Kemler R (1989) Embryonic stem cell culture and gene targeting in transgenic mice. *Mol Biol Med*, **6:** 481–492

Barohn RJ, Jackson CE, Kagan-Hallet KS (1994) Neonatal nemaline myopathy with abundant intranuclear rods. *Neuromuscul Disord*, **4:** 513–520

Bayliss R, Ribbeck K, Akin D, Kent HM, Feldherr CM, Görlich D, Stewart M (1999) Interaction between NTF2 and xFxFG-containing nucleoporins is required to mediate nuclear import of RanGDP. *J Mol Biol*, **293:** 579–593

Berger SM, Pesold B, Reber S, Schönig K, Berger AJ, Weidenfeld I, Miao J, Berger MR, Gruss OJ, Bartsch D (2010) Quantitative analysis of conditional gene inactivation using rationally designed, tetracycline-controlled miRNAs. *Nucleic Acids Res*,

Berrios M, Meller VH, McConnell M, Fisher PA (1995) Drosophila gp210, an invertebrate nuclear pore complex glycoprotein. *Eur J Cell Biol*, **67:** 1–7

Bischoff FR, Ponstingl H (1991) Catalysis of guanine nucleotide exchange on Ran by the mitotic regulator RCC1. *Nature*, **354:** 80–82

Bischoff FR, Görlich D (1997) RanBP1 is crucial for the release of RanGTP from importin beta-related nuclear transport factors. *FEBS Lett*, **419:** 249–254

Bischoff FR, Krebber H, Kempf T, Hermes I, Ponstingl H (1995) Human RanGTPase-activating protein RanGAP1 is a homologue of yeast Rna1p involved in mRNA processing and transport. *Proc Natl Acad Sci U S A*, **92:** 1749–1753

Blattner FR, Plunkett Gr, Bloch CA, Perna NT, Burland V, Riley M, Collado-Vides J, Glasner JD, Rode CK, Mayhew GF, Gregor J, Davis NW, Kirkpatrick HA, Goeden MA, Rose DJ, Mau B, Shao Y (1997) The complete genome sequence of Escherichia coli K-12. *Science*, **277:** 1453–1462

Bodoor K, Shaikh S, Enarson P, Chowdhury S, Salina D, Raharjo WH, Burke B (1999) Function and assembly of nuclear pore complex proteins. *Biochem Cell Biol*, **77:** 321–329

Bohnsack M (2004) Exportin 5 is a RanGTP-dependent dsRNA-binding protein that mediates nuclear export of pre-miRNAs. *RNA*, **10:** 185–191

Bohnsack MT, Regener K, Schwappach B, Saffrich R, Paraskeva E, Hartmann E, Görlich D (2002) Exp5 exports eEF1A via tRNA from nuclei and synergizes with other transport pathways to confine translation to the cytoplasm. *EMBO J*, **21:** 6205–6215

Bohnsack MT, Stüven T, Kuhn C, Cordes VC, Görlich D (2006) A selective block of nuclear actin export stabilizes the giant nuclei of Xenopus oocytes. *Nat Cell Biol*, **8:** 257–263

Brault V, Besson V, Magnol L, Duchon A, Hérault Y (2007) Cre/loxP-mediated chromosome engineering of the mouse genome. *Handb Exp Pharmacol*, 29–48

Brohawn SG, Partridge JR, Whittle JR, Schwartz TU (2009) The nuclear pore complex has entered the atomic age. *Structure*, **17:** 1156–1168

Bruening W, Pelletier J (1996) A non-AUG translational initiation event generates novel WT1 isoforms. *J Biol Chem*, **271:** 8646–8654

Caplen NJ, Parrish S, Imani F, Fire A, Morgan RA (2001) Specific inhibition of gene expression by small double-stranded RNAs in invertebrate and vertebrate systems. *Proc Natl Acad Sci U S A*, **98:** 9742–9747

Chakrabarti A, Kelkar DA, Chattopadhyay A (2006) Spectrin organization and dynamics: new insights. *Biosci Rep*, **26:** 369–386

Chatton E (1925) Pansporella perplexa:Réflexion sur la biologie e la phylogénie des protozoaires. *Annales des Sciences Naturelles: Zoologie Sér10*, **8:** 5–84

Chen Y, Rice PA (2003) New insight into site-specific recombination from Flp recombinase-DNA structures. *Annu Rev Biophys Biomol Struct*, **32:** 135–159

Chook YM, Blobel G (1999) Structure of the nuclear transport complex karyopherin-beta2-Ran x GppNHp. *Nature*, **399:** 230–237

Cingolani G, Petosa C, Weis K, Muller CW (1999) Structure of importin-beta bound to the IBB domain of importin-alpha. *Nature*, **399:** 221–229

Clarke PR, Zhang C (2004) Spatial and temporal control of nuclear envelope assembly by Ran GTPase. *Symp Soc Exp Biol*, 193–204

Clifford JI, Rees KR (1967) The action of aflatoxin B1 on the rat liver. *Biochem J*, **102:** 65–75

Cohen M, Feinstein N, Wilson KL, Gruenbaum Y (2003) Nuclear pore protein gp210 is essential for viability in HeLa cells and Caenorhabditis elegans. *Mol Biol Cell*, **14:** 4230–4237

Cook AG, Fukuhara N, Jinek M, Conti E (2009) Structures of the tRNA export factor in the nuclear and cytosolic states. *Nature*, **461:** 60–65

Copeland NG, Jenkins NA, Court DL (2001) Recombineering: a powerful new tool for mouse functional genomics. *Nat Rev Genet*, **2:** 769–779

Crabtree GR, Clipstone NA (1994) Signal transmission between the plasma membrane and nucleus of T lymphocytes. *Annu Rev Biochem*, **63:** 1045–1083

Cronshaw JM, Krutchinsky AN, Zhang W, Chait BT, Matunis MJ (2002) Proteomic analysis of the mammalian nuclear pore complex. *J Cell Biol*, **158:** 915–927

Cummins JE, Rusch HP (1967) Transcription of nuclear DNA in nuclei isolated from plasmodia at different stages of the cell cycle of Physarum polycephalum. *Biochim Biophys Acta*, **138:** 124–132

D'Angelo MA, Anderson DJ, Richard E, Hetzer MW (2006) Nuclear pores form de novo from both sides of the nuclear envelope. *Science*, **312:** 440–443

Dangelo M, Raices M, Panowski S, Hetzer M (2009) Age-Dependent Deterioration of Nuclear Pore Complexes Causes a Loss of Nuclear Integrity in Postmitotic Cells. *Cell*, **136:** 284–295

Davis LI, Blobel G (1986) Identification and characterization of a nuclear pore complex protein. *Cell*, **45:** 699–709

De Robertis EM, Longthorne RF, Gurdon JB (1978) Intracellular migration of nuclear proteins in Xenopus oocytes. *Nature*, **272:** 254–256

De Souza CP, Osmani AH, Hashmi SB, Osmani SA (2004) Partial nuclear pore complex disassembly during closed mitosis in Aspergillus nidulans. *Curr Biol*, **14:** 1973–1984

De Souza CP, Osmani SA (2007) Mitosis, not just open or closed. *Eukaryot Cell*, **6:** 1521–1527

Dingwall C, Sharnick SV, Laskey RA (1982) A polypeptide domain that specifies migration of nucleoplasmin into the nucleus. *Cell*, **30:** 449–458

Domazetovska A, Ilkovski B, Cooper ST, Ghoddusi M, Hardeman EC, Minamide LS, Gunning PW, Bamburg JR, North KN (2007) Mechanisms underlying intranuclear rod formation. *Brain*, **130:** 3275–3284

Dorfman J, Macara IG (2008) STRADalpha regulates LKB1 localization by blocking access to importin-alpha, and by association with Crm1 and exportin-7. *Mol Biol Cell*, **19:** 1614–1626

Doucet CM, Talamas JA, Hetzer MW (2010) Cell cycle-dependent differences in nuclear pore complex assembly in metazoa. *Cell*, **141:** 1030–1041

Doucet CM, Hetzer MW (2010) Nuclear pore biogenesis into an intact nuclear envelope. *Chromosoma*,

Drin G, Casella JF, Gautier R, Boehmer T, Schwartz TU, Antonny B (2007) A general amphipathic alpha-helical motif for sensing membrane curvature. *Nat Struct Mol Biol*, **14:** 138–146

Dultz E, Zanin E, Wurzenberger C, Braun M, Rabut G, Sironi L, Ellenberg J (2008) Systematic kinetic analysis of mitotic dis- and reassembly of the nuclear pore in living cells. *J Cell Biol*, **180:** 857–865

Dyce J, George M, Goodall H, Fleming TP (1987) Do trophectoderm and inner cell mass cells in the mouse blastocyst maintain discrete lineages? *Development*, **100:** 685–698

Eber S, Lux SE (2004) Hereditary spherocytosis--defects in proteins that connect the membrane skeleton to the lipid bilayer. *Semin Hematol*, **41:** 118–141

Einck L, Bustin M (1984) Functional histone antibody fragments traverse the nuclear envelope. *J Cell Biol*, **98:** 205–213

Elbashir SM, Lendeckel W, Tuschl T (2001) RNA interference is mediated by 21- and 22-nucleotide RNAs. *Genes Dev*, **15:** 188–200

Ellis HM, Horvitz HR (1986) Genetic control of programmed cell death in the nematode C. elegans. *Cell*, **44:** 817–829

Eriksson C, Rustum C, Hallberg E (2004) Dynamic properties of nuclear pore complex proteins in gp210 deficient cells. *FEBS letters*, **572:** 261–265

Estridge M, Bunge R (1978) Compositional analysis of growing axons from rat sympathetic neurons. *J Cell Biol*, **79:** 138–155

Farley FW, Soriano P, Steffen LS, Dymecki SM (2000) Widespread recombinase expression using FLPeR (flipper) mice. *Genesis*, **28:** 106–110

Favreau C, Worman HJ, Wozniak RW, Frappier T, Courvalin JC (1996) Cell cycle-dependent phosphorylation of nucleoporins and nuclear pore membrane protein Gp210. *Biochemistry*, **35:** 8035–8044

Favreau C, Bastos R, Cartaud J, Courvalin JC, Mustonen P (2001) Biochemical characterization of nuclear pore complex protein gp210 oligomers. *Eur J Biochem*, **268:** 3883–3889

FAWCETT DW, Chemes HE (1979) Changes in distribution of nuclear pores during differentiation of the male germ cells. *Tissue & cell*, **11:** 147–162

Feldherr CM (1968) Nucleocytoplasmic exchanges during early interphase. *J Cell Biol*, **39:** 49–54

Fernandez-Martinez J, Rout MP (2009) Nuclear pore complex biogenesis. *Curr Opin Cell Biol*, **21:** 603–612

Ferrigno P, Posas F, Koepp D, Saito H, Silver PA (1998) Regulated nucleo/cytoplasmic exchange of HOG1 MAPK requires the importin beta homologs NMD5 and XPO1. *EMBO J*, **17:** 5606–5614

Fischer U, Huber J, Boelens WC, Mattaj IW, Lührmann R (1995) The HIV-1 Rev activation domain is a nuclear export signal that accesses an export pathway used by specific cellular RNAs. *Cell*, **82:** 475–483

Fornerod M, Ohno M, Yoshida M, Mattaj IW (1997) CRM1 is an export receptor for leucine-rich nuclear export signals. *Cell*, **90:** 1051–1060

Franke WW (1970) On the universality of nuclear pore complex structure. *Z Zellforsch Mikrosk Anat*, **105:** 405–429

Franz C, Walczak R, Yavuz S, Santarella R, Gentzel M, Askjaer P, Galy V, Hetzer M, Mattaj IW, Antonin W (2007) MEL-28/ELYS is required for the recruitment of nucleoporins to chromatin and postmitotic nuclear pore complex assembly. *EMBO Rep*, **8:** 165–172

Freshney RI. (2005) *Culture of Animal Cells*. John Wiley & Sons, Hoboken, New Jersey.

Freundlieb S, Baron U, Bonin AL, Gossen M, Bujard H (1997) Use of tetracycline-controlled gene expression systems to study mammalian cell cycle. *Meth Enzymol*, **283:** 159–173

Frey S, Görlich D (2009) FG/FxFG as well as GLFG repeats form a selective permeability barrier with self-healing properties. *EMBO J*, **28:** 2554–2567

Frey S, Görlich D (2007) A saturated FG-repeat hydrogel can reproduce the permeability properties of nuclear pore complexes. *Cell*, **130:** 512–523

Frey S, Richter RP, Görlich D (2006) FG-rich repeats of nuclear pore proteins form a three-dimensional meshwork with hydrogel-like properties. *Science*, **314:** 815–817

Fritz CC, Green MR (1996) HIV Rev uses a conserved cellular protein export pathway for the nucleocytoplasmic transport of viral RNAs. *Curr Biol*, **6:** 848–854

Fukuda M, Gotoh I, Gotoh Y, Nishida E (1996) Cytoplasmic localization of mitogen-activated protein kinase kinase directed by its NH2-terminal, leucine-rich short amino acid sequence, which acts as a nuclear export signal. *J Biol Chem*, **271:** 20024–20028

Fuller GM, Brinkley BR, Boughter JM (1975) Immunofluorescence of mitotic spindles by using monospecific antibody against bovine brain tubulin. *Science*, **187:** 948–950

Funakoshi T, Maeshima K, Yahata K, Sugano S, Imamoto F, Imamoto N (2007) Two distinct human POM121 genes: requirement for the formation of nuclear pore complexes. *FEBS letters*, **581:** 4910–4916

Gallagher PG (2004) Hereditary elliptocytosis: spectrin and protein 4.1R. *Semin Hematol*, **41:** 142–164

Galy V, Antonin W, Jaedicke A, Sachse M, Santarella R, Haselmann U, Mattaj I (2008) A role for gp210 in mitotic nuclear-envelope breakdown. *J Cell Sci*, **121:** 317–328

Gerace L, Ottaviano Y, Kondor-Koch C (1982) Identification of a major polypeptide of the nuclear pore complex. *J Cell Biol*, **95:** 826–837

Goebel HH, Warlo I (1997) Nemaline myopathy with intranuclear rods--intranuclear rod myopathy. *Neuromuscul Disord*, **7:** 13–19

Goldfarb DS, Gariépy J, Schoolnik G, Kornberg RD (1986) Synthetic peptides as nuclear localization signals. *Nature*, **322:** 641–644

Gontan C, Guttler T, Engelen E, Demmers J, Fornerod M, Grosveld FG, Tibboel D, Görlich D, Poot RA, Rottier RJ (2009) Exportin 4 mediates a novel nuclear import pathway for Sox family transcription factors. *J Cell Biol*, **185:** 27–34

Görlich D, Kostka S, Kraft R, Dingwall C, Laskey RA, Hartmann E, Prehn S (1995) Two different subunits of importin cooperate to recognize nuclear localization signals and bind them to the nuclear envelope. *Curr Biol*, **5:** 383–392

Görlich D, Prehn S, Laskey RA, Hartmann E (1994) Isolation of a protein that is essential for the first step of nuclear protein import. *Cell*, **79:** 767–778

Görlich D, Dabrowski M, Bischoff FR, Kutay U, Bork P, Hartmann E, Prehn S, Izaurralde E (1997) A novel class of RanGTP binding proteins. *J Cell Biol*, **138:** 65–80

Görlich D, Kutay U (1999) Transport between the cell nucleus and the cytoplasm. *Annu Rev Cell Dev Biol*, **15:** 607–660

Görlich D, Panté N, Kutay U, Aebi U, Bischoff FR (1996) Identification of different roles for RanGDP and RanGTP in nuclear protein import. *EMBO J*, **15:** 5584–5594

Graham DL, Eccleston JF, Lowe PN (1999) The conserved arginine in rho-GTPase-activating protein is essential for efficient catalysis but not for complex formation with Rho.GDP and aluminum fluoride. *Biochemistry*, **38:** 985–991

Grandi P, Dang T, Pane N, Shevchenko A, Mann M, Forbes D, Hurt E (1997) Nup93, a vertebrate homologue of yeast Nic96p, forms a complex with a novel 205-kDa protein and is required for correct nuclear pore assembly. *Mol Biol Cell*, **8:** 2017–2038

GRASSO JA, SWIFT H, ACKERMAN GA (1962) Observations on the development of erythrocytes in mammalian fetal liver. *J Cell Biol*, **14:** 235–254

Green MR (1989) Pre-mRNA processing and mRNA nuclear export. *Curr Opin Cell Biol*, **1:** 519–525

Groves MR, Hanlon N, Turowski P, Hemmings BA, Barford D (1999) The structure of the protein phosphatase 2A PR65/A subunit reveals the conformation of its 15 tandemly repeated HEAT motifs. *Cell*, **96:** 99–110

Gruter P, Tabernero C, von Kobbe C, Schmitt C, Saavedra C, Bachi A, Wilm M, Felber BK, Izaurralde E (1998) TAP, the human homolog of Mex67p, mediates CTE-dependent RNA export from the nucleus. *Mol Cell*, **1:** 649–659

Güttler T, Madl T, Neumann P, Deichsel D, Corsini L, Monecke T, Ficner R, Sattler M, Görlich D (2010) NES consensus redefined by structures of PKI-type and Rev-type nuclear export signals bound to CRM1. *Nat Struct Mol Biol*,

Hagting A, Karlsson C, Clute P, Jackman M, Pines J (1998) MPF localization is controlled by nuclear export. *EMBO J*, **17:** 4127–4138

Hallberg E, Wozniak RW, Blobel G (1993) An integral membrane protein of the pore membrane domain of the nuclear envelope contains a nucleoporin-like region. *J Cell Biol*, **122:** 513–521

HARDING CV, FELDHERR C (1959) Semipermeability of the nuclear membrane in the intact cell. *J Gen Physiol*, **42:** 1155–1165

Hase ME, Cordes VC (2003) Direct interaction with nup153 mediates binding of Tpr to the periphery of the nuclear pore complex. *Mol Biol Cell*, **14:** 1923–1940

Hennekes H, Peter M, Weber K, Nigg EA (1993) Phosphorylation on protein kinase C sites inhibits nuclear import of lamin B2. *J Cell Biol*, **120:** 1293–1304

Herold A, Suyama M, Rodrigues JP, Braun IC, Kutay U, Carmo-Fonseca M, Bork P, Izaurralde E (2000) TAP (NXF1) belongs to a multigene family of putative RNA export factors with a conserved modular architecture. *Mol Cell Biol*, **20:** 8996–9008

Hetzer MW (2010) The role of the nuclear pore complex in aging of post-mitotic cells. *Aging (Albany NY)*, **2:** 74–75

Hinshaw JE, Carragher BO, Milligan RA (1992) Architecture and design of the nuclear pore complex. *Cell*, **69:** 1133–1141

Hu T, Guan T, Gerace L (1996) Molecular and functional characterization of the p62 complex, an assembly of nuclear pore complex glycoproteins. *The Journal of Cell Biology*, **134:** 589–601

Hutten S, Flotho A, Melchior F, Kehlenbach RH (2008) The Nup358-RanGAP complex is required for efficient importin alpha/beta-dependent nuclear import. *Mol Biol Cell*, **19:** 2300–2310

Hutten S, Walde S, Spillner C, Hauber J, Kehlenbach RH (2009) The nuclear pore component Nup358 promotes transportin-dependent nuclear import. *J Cell Sci*, **122:** 1100–1110

Ilkovski B, Nowak KJ, Domazetovska A, Maxwell AL, Clement S, Davies KE, Laing NG, North KN, Cooper ST (2004) Evidence for a dominant-negative effect in ACTA1 nemaline myopathy caused by abnormal folding, aggregation and altered polymerization of mutant actin isoforms. *Hum Mol Genet*, **13:** 1727–1743

Imasaki T, Shimizu T, Hashimoto H, Hidaka Y, Kose S, Imamoto N, Yamada M, Sato M (2007) Structural basis for substrate recognition and dissociation by human transportin 1. *Mol Cell*, **28:** 57–67

Jenis EH, Lindquist RR, Lister RC (1969) New congenital myopathy with crystalline intranuclear inclusions. *Arch Neurol*, **20:** 281–287

Kaffman A, O'Shea EK (1999) Regulation of nuclear localization: a key to a door. *Annu Rev Cell Dev Biol*, **15:** 291–339

Kalderon D, Roberts BL, Richardson WD, Smith AE (1984a) A short amino acid sequence able to specify nuclear location. *Cell*, **39:** 499–509

Kalderon D, Richardson WD, Markham AF, Smith AE (1984b) Sequence requirements for nuclear location of simian virus 40 large-T antigen. *Nature*, **311:** 33–38

Kanda T, Sullivan KF, Wahl GM (1998) Histone-GFP fusion protein enables sensitive analysis of chromosome dynamics in living mammalian cells. *Curr Biol*, **8:** 377–385

Kehlenbach RH, Dickmanns A, Kehlenbach A, Guan T, Gerace L (1999) A role for RanBP1 in the release of CRM1 from the nuclear pore complex in a terminal step of nuclear export. *J Cell Biol*, **145:** 645–657

KESZTYUS L, NIKODEMUSZ S, SZILAGYI T (1949) Antigenic activity of myosin and actin. *Nature*, **163:** 136

Klebe C, Bischoff FR, Ponstingl H, Wittinghofer A (1995) Interaction of the nuclear GTP-binding protein Ran with its regulatory proteins RCC1 and RanGAP1. *Biochemistry*, **34:** 639–647

Klinke R, Silbernagl, S. (2005) *Lehrbuch der Physiologie*. Thieme,

Koch P, Bohlmann I, Schäfer M, Hansen-Hagge TE, Kiyoi H, Wilda M, Hameister H, Bartram CR, Janssen JW (2000) Identification of a novel putative Ran-binding protein and its close homologue. *Biochem Biophys Res Commun*, **278:** 241–249

Koury S, Yarlagadda S, Moskalik-Liermo K, Popli N, Kim N, Apolito C, Peterson A, Zhang X, Zu P, Tamburlin J, Bofinger D (2007) Differential gene expression during terminal erythroid differentiation. *Genomics*, **90:** 574–582

Koury ST, Koury MJ, Bondurant MC (1989) Cytoskeletal distribution and function during the maturation and enucleation of mammalian erythroblasts. *The Journal of Cell Biology*, **109:** 3005–3013

Koyama M, Matsuura Y (2010) An allosteric mechanism to displace nuclear export cargo from CRM1 and RanGTP by RanBP1. *EMBO J*, **29:** 2002–2013

Kudo N, Wolff B, Sekimoto T, Schreiner EP, Yoneda Y, Yanagida M, Horinouchi S, Yoshida M (1998) Leptomycin B inhibition of signal-mediated nuclear export by direct binding to CRM1. *Exp Cell Res*, **242:** 540–547

Kunkle M, Longo FJ (1975) Cytological events leading to the cleavage of golden hamster zygotes. *J Morphol*, **146:** 197–213

Kutay U, Guttinger S (2005) Leucine-rich nuclear-export signals: born to be weak. *Trends Cell Biol*, **15:** 121–124

Kutay U, Hetzer MW (2008) Reorganization of the nuclear envelope during open mitosis. *Curr Opin Cell Biol*, **20:** 669–677

Kutay U, Bischoff FR, Kostka S, Kraft R, Görlich D (1997) Export of importin alpha from the nucleus is mediated by a specific nuclear transport factor. *Cell*, **90:** 1061–1071

Kutay U, Hartmann E, Treichel N, Calado A, Carmo-Fonseca M, Prehn S, Kraft R, Görlich D, Bischoff FR (2000) Identification of two novel RanGTP-binding proteins belonging to the importin beta superfamily. *J Biol Chem*, **275:** 40163–40168

Kutay U, Lipowsky G, Izaurralde E, Bischoff FR, Schwarzmaier P, Hartmann E, Görlich D (1998) Identification of a tRNA-specific nuclear export receptor. *Mol Cell*, **1:** 359–369

Lagos-Quintana M, Rauhut R, Lendeckel W, Tuschl T (2001) Identification of novel genes coding for small expressed RNAs. *Science*, **294:** 853–858

Lagos-Quintana M, Rauhut R, Yalcin A, Meyer J, Lendeckel W, Tuschl T (2002) Identification of tissue-specific microRNAs from mouse. *Curr Biol*, **12:** 735–739

Laing NG, Dye DE, Wallgren-Pettersson C, Richard G, Monnier N, Lillis S, Winder TL, Lochmüller H, Graziano C, Mitrani-Rosenbaum S, Twomey D, Sparrow JC, Beggs AH, Nowak KJ (2009) Mutations and polymorphisms of the skeletal muscle alpha-actin gene (ACTA1). *Hum Mutat*, **30:** 1267–1277

Lancaster CA, Taylor-Harris PM, Self AJ, Brill S, van Erp HE, Hall A (1994) Characterization of rhoGAP. A GTPase-activating protein for rho-related small GTPases. *J Biol Chem*, **269:** 1137–1142

Laronga C, Yang HY, Neal C, Lee MH (2000) Association of the cyclin-dependent kinases and 14-3-3 sigma negatively regulates cell cycle progression. *J Biol Chem*, **275:** 23106–23112

Lee RC, Ambros V (2001) An extensive class of small RNAs in Caenorhabditis elegans. *Science*, **294:** 862–864

Lehmann A, Janek K, Braun B, Kloetzel PM, Enenkel C (2002) 20 S proteasomes are imported as precursor complexes into the nucleus of yeast. *J Mol Biol*, **317:** 401–413

Leukel M, Jost E (1995) Two conserved serines in the nuclear localization signal flanking region are involved in the nuclear targeting of human lamin A. *Eur J Cell Biol*, **68:** 133–142

Li HY, Wirtz D, Zheng Y (2003) A mechanism of coupling RCC1 mobility to RanGTP production on the chromatin in vivo. *J Cell Biol*, **160:** 635–644

Lipowsky G, Bischoff FR, Schwarzmaier P, Kraft R, Kostka S, Hartmann E, Kutay U, Görlich D (2000) Exportin 4: a mediator of a novel nuclear export pathway in higher eukaryotes. *EMBO J*, **19:** 4362–4371

Liu P (2003) A Highly Efficient Recombineering-Based Method for Generating Conditional Knockout Mutations. *Genome Research*, **13:** 476–484

Lo KY, Johnson AW (2009) Reengineering ribosome export. *Mol Biol Cell*, **20:** 1545–1554

Lock P, Ralph S, Stanley E, Boulet I, Ramsay R, Dunn AR (1991) Two isoforms of murine hck, generated by utilization of alternative translational initiation codons, exhibit different patterns of subcellular localization. *Mol Cell Biol*, **11:** 4363–4370

Löffler G, Petrides P.E. (2002) *Biochemie & Pathobiochemie*. Springer,

Lonn U, Edstrom JE (1977) Protein synthesis inhibitors and export of ribosomal subunits. *Biochim Biophys Acta*, **475:** 677–679

Lounsbury KM, Macara IG (1997) Ran-binding protein 1 (RanBP1) forms a ternary complex with Ran and karyopherin beta and reduces Ran GTPase-activating protein (RanGAP) inhibition by karyopherin beta. *J Biol Chem*, **272:** 551–555

Lu CC, Brennan J, Robertson EJ (2001) From fertilization to gastrulation: axis formation in the mouse embryo. *Curr Opin Genet Dev*, **11:** 384–392

Lykke-Andersen J (2001) mRNA quality control: Marking the message for life or death. *Curr Biol*, **11:** R88–91

Makde RD, England JR, Yennawar HP, Tan S (2010) Structure of RCC1 chromatin factor bound to the nucleosome core particle. *Nature*,

Makhnevych T, Lusk CP, Anderson AM, Aitchison JD, Wozniak RW (2003) Cell cycle regulated transport controlled by alterations in the nuclear pore complex. *Cell*, **115:** 813–823

Mans BJ, Anantharaman V, Aravind L, Koonin EV (2004) Comparative genomics, evolution and origins of the nuclear envelope and nuclear pore complex. *Cell Cycle*, **3:** 1612–1637

Mansfeld J, Güttinger S, Hawryluk-Gara LA, Panté N, Mall M, Galy V, Haselmann U, Mühlhäusser P, Wozniak RW, Mattaj IW, Kutay U, Antonin W (2006) The conserved transmembrane nucleoporin NDC1 is required for nuclear pore complex assembly in vertebrate cells. *Mol Cell*, **22:** 93–103

Matsuura Y, Stewart M (2004) Structural basis for the assembly of a nuclear export complex. *Nature*, **432:** 872–877

Mattaj IW, Englmeier L (1998) Nucleocytoplasmic transport: the soluble phase. *Annu Rev Biochem*, **67:** 265–306

Melchior F, Guan T, Yokoyama N, Nishimoto T, Gerace L (1995) GTP hydrolysis by Ran occurs at the nuclear pore complex in an early step of protein import. *The Journal of Cell Biology*, **131:** 571–581

Merriam RW (1961) On the fine structure and composition of the nuclear envelope. *J Biophys Biochem Cytol*, **11:** 559–570

Miller MW, Caracciolo MR, Berlin WK, Hanover JA (1999) Phosphorylation and glycosylation of nucleoporins. *Arch Biochem Biophys*, **367:** 51–60

Mingot JM, Bohnsack MT, Jäkle U, Görlich D (2004) Exportin 7 defines a novel general nuclear export pathway. *EMBO J*, **23:** 3227–3236

Mingot JM, Kostka S, Kraft R, Hartmann E, Görlich D (2001) Importin 13: a novel mediator of nuclear import and export. *EMBO J*, **20:** 3685–3694

Mirsky AE, Pollister AW (1946) CHROMOSIN, A DESOXYRIBOSE NUCLEOPROTEIN COMPLEX OF THE CELL NUCLEUS. *J Gen Physiol*, **30:** 117–148

Moens PB, Rapport E (1971) Spindles, spindle plaques, and meiosis in the yeast Saccharomyces cerevisiae (Hansen). *J Cell Biol*, **50:** 344–361

Mohr D, Frey S, Fischer T, Güttler T, Görlich D (2009) Characterisation of the passive permeability barrier of nuclear pore complexes. *EMBO J*, **28:** 2541–2553

Monecke T, Guttler T, Neumann P, Dickmanns A, Görlich D, Ficner R (2009) Crystal structure of the nuclear export receptor CRM1 in complex with Snurportin1 and RanGTP. *Science*, **324:** 1087–1091

Morales MF (1970) Conformation and displacement in muscle contraction. *Proc Natl Acad Sci U S A*, **67:** 572–578

Moroianu J, Blobel G, Radu A (1995a) Previously identified protein of uncertain function is karyopherin alpha and together with karyopherin beta docks import substrate at nuclear pore complexes. *Proc Natl Acad Sci U S A*, **92:** 2008–2011

Moroianu J, Hijikata M, Blobel G, Radu A (1995b) Mammalian karyopherin alpha 1 beta and alpha 2 beta heterodimers: alpha 1 or alpha 2 subunit binds nuclear localization signal and beta subunit interacts with peptide repeat-containing nucleoporins. *Proc Natl Acad Sci U S A*, **92:** 6532–6536

Nagy A, Gertsenstein M, Vintersten K, Behringer R. (2003) *Manipulating the Mouse Embryo*. Cold Spring Harbor Laboratory Press, Cold Spring Harbor, New York.

Nemergut ME, Mizzen CA, Stukenberg T, Allis CD, Macara IG (2001) Chromatin docking and exchange activity enhancement of RCC1 by histones H2A and H2B. *Science*, **292:** 1540–1543

Nowak KJ, Wattanasirichaigoon D, Goebel HH, Wilce M, Pelin K, Donner K, Jacob RL, Hübner C, Oexle K, Anderson JR, Verity CM, North KN, Iannaccone ST, Müller CR, Nürnberg P, Muntoni F, Sewry C, Hughes I, Sutphen R, Lacson AG, Swoboda KJ, Vigneron J, Wallgren-Pettersson C, Beggs AH, Laing NG (1999) Mutations in the skeletal muscle alpha-actin gene in patients with actin myopathy and nemaline myopathy. *Nat Genet*, **23:** 208–212

Okada C, Yamashita E, Lee SJ, Shibata S, Katahira J, Nakagawa A, Yoneda Y, Tsukihara T (2009) A high-resolution structure of the pre-microRNA nuclear export machinery. *Science*, **326:** 1275–1279

Olson RL, Everett MA (1975) Epidermal apoptosis: cell deletion by phagocytosis. *J Cutan Pathol*, **2:** 53–57

Olsson M, Scheele S, Ekblom P (2004) Limited expression of nuclear pore membrane glycoprotein 210 in cell lines and tissues suggests cell-type specific nuclear pores in metazoans. *Exp Cell Res*, **292:** 359–370

Olsson M, Ekblom M, Fecker L, Kurkinen M, Ekblom P (1999) cDNA cloning and embryonic expression of mouse nuclear pore membrane glycoprotein 210 mRNA. *Kidney Int*, **56:** 827–838

Onischenko EA, Crafoord E, Hallberg E (2007) Phosphomimetic mutation of the mitotically phosphorylated serine 1880 compromises the interaction of the transmembrane nucleoporin gp210 with the nuclear pore complex. *Exp Cell Res*, **313:** 2744–2751

Osmani AH, Davies J, Liu HL, Nile A, Osmani SA (2006) Systematic deletion and mitotic localization of the nuclear pore complex proteins of Aspergillus nidulans. *Mol Biol Cell*, **17:** 4946–4961

Ovechkina Y, Maddox P, Oakley CE, Xiang X, Osmani SA, Salmon ED, Oakley BR (2003) Spindle formation in Aspergillus is coupled to tubulin movement into the nucleus. *Mol Biol Cell*, **14:** 2192–2200

Paddy MR, Saumweber H, Agard DA, Sedat JW (1996) Time-resolved, in vivo studies of mitotic spindle formation and nuclear lamina breakdown in Drosophila early embryos. *J Cell Sci*, **109:** 591–607

Paraskeva E, Izaurralde E, Bischoff FR, Huber J, Kutay U, Hartmann E, Luhrmann R, Görlich D (1999) CRM1-mediated recycling of snurportin 1 to the cytoplasm. *J Cell Biol*, **145:** 255–264

Peabody DS (1989) Translation initiation at non-AUG triplets in mammalian cells. *J Biol Chem*, **264:** 5031–5035

Peltz SW, He F, Welch E, Jacobson A (1994) Nonsense-mediated mRNA decay in yeast. *Prog Nucleic Acid Res Mol Biol*, **47:** 271–298

Perona RM, Wassarman PM (1986) Mouse blastocysts hatch in vitro by using a trypsin-like proteinase associated with cells of mural trophectoderm. *Dev Biol*, **114:** 42–52

Petrus P, Hedrich HJ, Bullock G. (2004) *The Laboratory Mouse*. Elsevier Academic Press,

Ploski JE, Shamsher MK, Radu A (2004) Paired-type homeodomain transcription factors are imported into the nucleus by karyopherin 13. *Mol Cell Biol*, **24:** 4824–4834

Porter AG, Jänicke RU (1999) Emerging roles of caspase-3 in apoptosis. *Cell Death Differ*, **6:** 99–104

Rabut G, Doye V, Ellenberg J (2004) Mapping the dynamic organization of the nuclear pore complex inside single living cells. *Nat Cell Biol*, **6:** 1114–1121

Radu A, Moore MS, Blobel G (1995) The peptide repeat domain of nucleoporin Nup98 functions as a docking site in transport across the nuclear pore complex. *Cell*, **81:** 215–222

Rasala BA, Ramos C, Harel A, Forbes DJ (2008) Capture of AT-rich chromatin by ELYS recruits POM121 and NDC1 to initiate nuclear pore assembly. *Mol Biol Cell*, **19:** 3982–3996

RAYMOND S, WEINTRAUB L (1959) Acrylamide gel as a supporting medium for zone electrophoresis. *Science*, **130:** 711

Reichelt R, Holzenburg A, Buhle ELJ, Jarnik M, Engel A, Aebi U (1990) Correlation between structure and mass distribution of the nuclear pore complex and of distinct pore complex components. *J Cell Biol*, **110:** 883–894

Resnick MA, Moore PD (1979) Molecular recombination and the repair of DNA double-strand breaks in CHO cells. *Nucleic Acids Res*, **6:** 3145–3160

Rexach M, Blobel G (1995) Protein import into nuclei: association and dissociation reactions involving transport substrate, transport factors, and nucleoporins. *Cell*, **83:** 683–692

Ribbeck K, Görlich D (2002) The permeability barrier of nuclear pore complexes appears to operate via hydrophobic exclusion. *EMBO J*, **21:** 2664–2671

RIFKIND RA, DANON D, MARKS PA (1964) ALTERATIONS IN POLYRIBOSOMES DURING ERYTHROID CELL MATURATION. *J Cell Biol*, **22:** 599–611

ROBBINS E, GONATAS NK (1964) THE ULTRASTRUCTURE OF A MAMMALIAN CELL DURING THE MITOTIC CYCLE. *J Cell Biol*, **21:** 429–463

Robertson E, Bradley A, Kuehn M, Evans M (1986) Germ-line transmission of genes introduced into cultured pluripotential cells by retroviral vector. *Nature*, **323:** 445–448

Robinow CF, Caten CE (1969) Mitosis in Aspergillus nidulans. *J Cell Sci*, **5:** 403–431

Ross MH, Pawlina W. (2006) *Histology*. Lippincott Williams & Wilkins, Baltimore.

Rout MP, Blobel G (1993) Isolation of the yeast nuclear pore complex. *J Cell Biol*, **123:** 771–783

Sambrook J, Russell DW. (2000) *Molecular Cloning: A Laboratory Manual*. Cold Spring Harbor Laboratory,

Schnapp BJ, Reese TS (1989) Dynein is the motor for retrograde axonal transport of organelles. *Proc Natl Acad Sci U S A*, **86:** 1548–1552

Schwenk F, Baron U, Rajewsky K (1995) A cre-transgenic mouse strain for the ubiquitous deletion of loxP-flanked gene segments including deletion in germ cells. *Nucleic Acids Res*, **23:** 5080–5081

Sharp PA (1985) On the origin of RNA splicing and introns. *Cell*, **42:** 397–400

Smith A, Brownawell A, Macara IG (1998) Nuclear import of Ran is mediated by the transport factor NTF2. *Curr Biol*, **8:** 1403–1406

Söderqvist H, Imreh G, Kihlmark M, Linnman C, Ringertz N, Hallberg E (1997) Intracellular distribution of an integral nuclear pore membrane protein fused to green fluorescent protein--localization of a targeting domain. *Eur J Biochem*, **250:** 808–813

Sparrow JC, Nowak KJ, Durling HJ, Beggs AH, Wallgren-Pettersson C, Romero N, Nonaka I, Laing NG (2003) Muscle disease caused by mutations in the skeletal muscle alpha-actin gene (ACTA1). *Neuromuscul Disord*, **13:** 519–531

Stade K, Ford CS, Guthrie C, Weis K (1997) Exportin 1 (Crm1p) is an essential nuclear export factor. *Cell*, **90:** 1041–1050

Stavru F, Hülsmann BB, Spang A, Hartmann E, Cordes VC, Görlich D (2006a) NDC1: a crucial membrane-integral nucleoporin of metazoan nuclear pore complexes. *The Journal of Cell Biology*, **173:** 509–519

Stavru F, Nautrup-Pedersen G, Cordes VC, Görlich D (2006b) Nuclear pore complex assembly and maintenance in POM121- and gp210-deficient cells. *The Journal of Cell Biology*, **173:** 477–483

Strawn LA, Shen T, Shulga N, Goldfarb DS, Wente SR (2004) Minimal nuclear pore complexes define FG repeat domains essential for transport. *Nat Cell Biol*, **6:** 197–206

Stueven T, Hartmann E, Görlich D (2003) Exportin 6: a novel nuclear export receptor that is specific for profilin.actin complexes. *EMBO J*, **22:** 5928–5940

Suelmann R, Sievers N, Fischer R (1997) Nuclear traffic in fungal hyphae: in vivo study of nuclear migration and positioning in Aspergillus nidulans. *Mol Microbiol*, **25:** 757–769

SWAMINATHAN MS, GANESAN AT (1958) Kinetics of mitosis in yeasts. *Nature*, **182:** 610–611

Tam PP, Behringer RR (1997) Mouse gastrulation: the formation of a mammalian body plan. *Mech Dev*, **68:** 3–25

Tang G (2005) siRNA and miRNA: an insight into RISCs. *Trends Biochem Sci*, **30:** 106–114

Tcherkezian J, Lamarche-Vane N (2007) Current knowledge of the large RhoGAP family of proteins. *Biol Cell*, **99:** 67–86

Terry LJ, Shows EB, Wente SR (2007) Crossing the nuclear envelope: hierarchical regulation of nucleocytoplasmic transport. *Science*, **318:** 1412–1416

Thomas F, Kutay U (2003) Biogenesis and nuclear export of ribosomal subunits in higher eukaryotes depend on the CRM1 export pathway. *J Cell Sci*, **116:** 2409–2419

Thomas JH, Botstein D (1986) A gene required for the separation of chromosomes on the spindle apparatus in yeast. *Cell*, **44:** 65–76

Touriol C, Bornes S, Bonnal S, Audigier S, Prats H, Prats AC, Vagner S (2003) Generation of protein isoform diversity by alternative initiation of translation at non-AUG codons. *Biol Cell*, **95:** 169–178

Vale RD, Schnapp BJ, Mitchison T, Steuer E, Reese TS, Sheetz MP (1985) Different axoplasmic proteins generate movement in opposite directions along microtubules in vitro. *Cell*, **43:** 623–632

Wagstaff KM, Jans DA (2009) Importins and beyond: non-conventional nuclear transport mechanisms. *Traffic*, **10:** 1188–1198

Wallgren-Pettersson C (2002) Nemaline and myotubular myopathies. *Semin Pediatr Neurol*, **9:** 132–144

Walther TC, Alves A, Pickersgill H, Loïodice I, Hetzer M, Galy V, Hülsmann BB, Köcher T, Wilm M, Allen T, Mattaj IW, Doye V (2003) The conserved Nup107-160 complex is critical for nuclear pore complex assembly. *Cell*, **113:** 195–206

Wang R, Brattain MG (2007) The maximal size of protein to diffuse through the nuclear pore is larger than 60kDa. *FEBS Lett*, **581:** 3164–3170

WATSON ML (1959) Further observations on the nuclear envelope of the animal cell. *J Biophys Biochem Cytol*, **6:** 147–156

WATSON ML (1955) The nuclear envelope; its structure and relation to cytoplasmic membranes. *J Biophys Biochem Cytol*, **1:** 257–270

Wegrzyn JL, Drudge TM, Valafar F, Hook V (2008) Bioinformatic analyses of mammalian 5'-UTR sequence properties of mRNAs predicts alternative translation initiation sites. *BMC Bioinformatics*, **9:** 232

Weidenfeld I, Gossen M, Löw R, Kentner D, Berger S, Görlich D, Bartsch D, Bujard H, Schönig K (2009) Inducible expression of coding and inhibitory RNAs from retargetable genomic loci. *Nucleic Acids Res*, **37:** e50

Wen W, Taylor SS, Meinkoth JL (1995a) The expression and intracellular distribution of the heat-stable protein kinase inhibitor is cell cycle regulated. *J Biol Chem*, **270:** 2041–2046

Wen W, Meinkoth JL, Tsien RY, Taylor SS (1995b) Identification of a signal for rapid export of proteins from the nucleus. *Cell*, **82:** 463–473

Wente SR, Rout MP, Blobel G (1992) A new family of yeast nuclear pore complex proteins. *J Cell Biol*, **119:** 705–723

Whitfield TT, Sharpe CR, Wylie CC (1994) Nonsense-mediated mRNA decay in Xenopus oocytes and embryos. *Dev Biol*, **165:** 731–734

Wilson EB (1897) VAN BENEDEN AND THE ORIGIN OF THE CENTROSOME.--A CORRECTION. *Science*, **5:** 25–26

Witzgall R, O'Leary E, Bonventre JV (1994) A mammalian expression vector for the expression of GAL4 fusion proteins with an epitope tag and histidine tail. *Anal Biochem*, **223:** 291–298

Wong DH, Corbett AH, Kent HM, Stewart M, Silver PA (1997) Interaction between the small GTPase Ran/Gsp1p and Ntf2p is required for nuclear transport. *Mol Cell Biol*, **17:** 3755–3767

Wozniak RW, Bartnik E, Blobel G (1989) Primary structure analysis of an integral membrane glycoprotein of the nuclear pore. *J Cell Biol*, **108:** 2083–2092

Wozniak RW, Blobel G (1992) The single transmembrane segment of gp210 is sufficient for sorting to the pore membrane domain of the nuclear envelope. *J Cell Biol*, **119:** 1441–1449

Yamaguchi YL, Tanaka SS, Yasuda K, Matsui Y, Tam PP (2006) Stage-specific Importin13 activity influences meiosis of germ cells in the mouse. *Dev Biol*, **297:** 350–360

Yan C, Lee LH, Davis LI (1998) Crm1p mediates regulated nuclear export of a yeast AP-1-like transcription factor. *EMBO J*, **17:** 7416–7429

Yang L, Guan T, Gerace L (1997) Integral membrane proteins of the nuclear envelope are dispersed throughout the endoplasmic reticulum during mitosis. *J Cell Biol*, **137:** 1199–1210

Yang Q, Rout MP, Akey CW (1998) Three-dimensional architecture of the isolated yeast nuclear pore complex: functional and evolutionary implications. *Mol Cell*, **1:** 223–234

Yavuz S, Santarella-Mellwig R, Koch B, Jaedicke A, Mattaj IW, Antonin W (2010) NLS-mediated NPC functions of the nucleoporin Pom121. *FEBS letters*,

Zheng CF, Guan KL (1993) Dephosphorylation and inactivation of the mitogen-activated protein kinase by a mitogen-induced Thr/Tyr protein phosphatase. *J Biol Chem*, **268:** 16116–16119

Zhu J, McKeon F (1999) NF-AT activation requires suppression of Crm1-dependent export by calcineurin. *Nature*, **398:** 256–260

7. Anhang

7.1 Exp7B_mRNA

ATCAGAAGAGTGTGTGNNGCACTTGAGACATGCGGGACTCAGGGAGAAAGAAGCCTGGCCCAACTAGAG
AATCTGTGCAAACAGTTGTATGAAACAACAGATACAACCACTCGACTGCAGGCAGAGAAAGCCTTGGTT
GAATTCACCAACAGCCCTGATTGCCTGAGCAAGTGCCAGCTGCTCCTCGAGAGAGGAAGTTCGTCCTAC
TCCCAGCTGCTGGCAGCTACATGCCTTACCAAGCTCGTGTCTCGGACAAACAACCCCTTGCCACTGGAG
CAGCGGATAGATATCCGGAACTATGTGCTCAACTACCTTGCCACTCGGCCAAAGTTGGCAACTTTCGTG
ACTCAAGCCCTCATCCAGCTGTATGCCAGGATCACAAAGCTGGGCTGGTTTGACTGCCAGAAGGATGAC
TATGTCTTCAGAAACGCAATCACAGACGTCACAAGGTTCCTGCAGGACAGTGTTGAATACTGCATCATT
GGCGTCACAATTTTATCTCAGCTCACCAATGAAATTAATCAAGCAGACACAACTCATCCTTTAACCAAA
CACAGAAAAATAGCCTCTTCTTTCCGAGACTCATCACTGTTTGATATCTTCACACTTTCCTGCAATTTA
CTAAAACAGGCATCAGGAAAGAATCTGAACTTGAATGATGAAAGTCAGCATGGCTTGCTAATGCAACTG
CTCAAACTCACCCACAACTGTCTGAACTTTGATTTTATCGGCACATCTACTGATGAGTCCTCAGACGAC
CTGTGTACAGTGCAGATCCCCACCAGCTGGAGATCAGCATTCTTAGATTCTTCGACTCTGCAGCTGTTT
TTTGACCTGTATCATTCCATTCCTCCCTCGTTCTCACCTTTGGTATTGTCCTGCTTAGTACAGATTGCC
TCAGTCCGGAGATCCCTATTTAACAATGCTGAGAGGGCCAAGTTTCTCTCTCATCTTGTTGATGGTGTT
AAACGAATACTGGAAAATCCACAGAGTTTATCAGACCCAAACAATTACCATGAGTTCTGCAGACTACTG
GCTCGGTTAAAGAGTAACTACCAACTGGGAGAACTGGTAAAAGTGGAAAACTACCCTGATGTTATCCGA
TTGATAGCCAACTTCACAGTGACCAGCCTACAGCACTGGGAATTTGCCCCAAATAGTGTGCACTATCTC
CTGAGCCTATGGCAGCGGCTGGCAGCCTCTGTACCATATGTCAAAGCCACAGAGCCCCATATGCTGGAA
ACATATACTCCTGAGGTTACCAAAGCCTATATCACATCCCGCTTGGAATCTGTGCACATCATTCTGAGG
GATGGCCTGGAAGATCCCCTGGAAGATACAGGTCTGGTCCAGCAACAGCTGGACCAGCTGTCCACCATC
GGGCGTTGTGAGTATGAGAAGACATGCGCGCTCCTTGTGCAGCTATTTGACCAGTCGGCCCAGTCGTAC
CAAGAACTGCTGCAGAGTGCCAGTGCCAGCCCAATGGACATTGCAGTGCAGGAGGGACGACTGACGTGG
TTAGTCTATATCATTGGAGCTGTGATTGGTGGCCGAGTTTCTTTTGCCAGCACTGATGAGCAAGATGCA
ATGGATGGTGAGCTTGTCTGTCGGGTGCTCCAGCTTATGAACCTGACAGATTCCCGCTTGGCTCAGGCT
GGTAATGAGAAGCTTGAATTGGCCATGCTGAGTTTTTTTGAGCAGTTTCGTAAGATCTACATTGGGGAT
CAGGTGCAGAAATCCTCAAAGCTGTACCGCCGACTCTCAGAAGTTCTGGGATTGAATGACGAGACGATG
GTGCTGAGTGTCTTCATAGGAAAAGTCATCACCAACTTGAAGTACTGGGGTCGTTGTGAGCCAATCACC
TCCAAGACACTGCAGCTCCTCAATGACCTCTCCATCGGATACAGTAGCGTAAGGAAGTTAGTGAAGCTT
AGCGCTGTACAGTTCATGCTGAACAATCACACGAGCGAGCACTTTTCATTTTTGGGTATTAACAATCAG
TCCAACCTGACAGACATGCGGTGTCGGACTACCTTCTACACAGCACTTGGGCGTCTCCTCATGGTGGAT
TTAGGAGAGGATGAAGATCAGTATGAACAATTCATGCTTCCTCTAACAGCAGCGTTTGAGGCTGTGGCC
CAGATGTTCAGCACTAACAGCTTCAATGAACAGGAGGCAAAGAGAACTCTGGTTGGCCTAGTGAGAGAC
CTGAGAGGGATAGCCTTTGCCTTCAATGCCAAGACCAGTTTCATGATGCTCTTCGAATGGATATACCCC
TCCTACATGCCAATTCTCCAGCGGGCAATTGAGCTCTGGTACCATGACCCAGCCTGTACCACTCCTGTG
CTCAAGCTGATGGCTGAATTAGTTCATAACAGATCTCAGCGACTCCAATTTGATGTTTCATCTCCCAAT
GGTATCTTACTTTTCCGAGAAACCAGCAAGATGATAACAATGTATGGCAATCGCATCCTGACACTAGGA
GAGGTGCCAAAGGATCAGGTCTATGCTTTGAAGCTCAAGGGTATCTCCATCTGCTTCTCCATGCTGAAG
GCTGCCCTCAGTGGGAGTTATGTCAACTTTGGGGTCTTCCGTCTCTATGGAGATGATGCCTTGGAAAAT
GCCCTACAGACCTTCATCAAACTACTCCTCTCTATTCCTCATAGTGACCTCCTGGATTACCCCAAGCTC
AGCCAGTCTTACTACTCACTACTGGAAGTCCTGACCCAGGACCATATGAACTTTATTGCAAGCCTGGAA
CCTCATGTCATCATGTACATCCTCTCTTCTATTTCTGAAGGACTTACTGCACTTGACACCATGGTATGC
ACGGGCTGCTGTTCCTGCCTAGACCATATTGTGACGTATCTCTTCAAACAGCTGTCACGGAGCACCAAG
AAAAGGACAACACCCCTGAACCGGGAGAGTGACTGCTTTCTGCATATCATGCAGCAGCATCCAGCTATG
ATCCAGCAGATGCTGTCCACGGTGCTGAACATCATTATCTTTGAAGATTGTAGGAATCAGTGGTCTATG
TCTCGACCCCTGCTTGGCTTAATACTGCTTAATGAAAAGTATTTTTCTGACCTAAGAAACAGCATCGTC
AATAGCCAACCACCAGAGAAACAGCAGGCCATGCATCTGTGTTTTGAAAATTTGATGGAAGGCATTGAA
CGGAATCTTCTGACGAAAAACAGAGACAGGTTCACCCAGAACCTGTCAGCATTCCGTCGAGAGGTCAAC
GACTCAATGAAGAATTCCACTTATGGAGTGAATAGCAATGACATGATGAGCTGACAACTCTCGGACTCT
ACCTTGCAGAGCAGCGTCCCTTTGGTCTGGTCCAGAGGGTGAACAGTTGCAAGGGAGAGAGCCTGG...

7.2 Abkürzungen

APS	Ammoniumpersulfat
bp	Basenpaare
dpc	*days post-coital* (Tage nach Koitus)
EDTA	Ethylendiamintetraessigsäure
ES-Zellen	embryonale Stammzellen
Exp	nukleärer Exportrezeptor, Exportin
FCS	Fötales Rinderserum
FRT	Flp-Rekombinase-*Target* (Ziel) Sequenz
Fwd	forward / vorwärts
GFP	Grün fluoreszierendes Protein
hCG	humanes Choriongonadotropin
HEAT	Proteindomäne auch in Huntingtin, Elongation Faktor 3, Protein Phosphatase 2A, PI3-Kinase TOR1 vorhanden
His	Histidin-*Tag* (Anhang)
HygR	Hygromycin-Resistenz
H2B	Histon 2 B
Imp	nukleärer Importrezeptor, Importin
kDa	kilo Dalton
KO	Knockout
LIF	Leukaemia Inhibitor Factor
loxP	locus of X-over P1, Cre-Rekombinase-Ziel-Sequenz
MEF	embryonale Fibroblasten der Maus
miRNA	*micro*-RNA, kleine RNA
NeoR	Neomycin-Resistenz
NTR	Nukleärer Transportrezeptor
PAGE	Polyakrylamid-Gelelektrophorese
PMSG	Pregnant Mare Serum Gonadotropin (Schwangerschafts-Stuten-Serumgonadotropin)
PCR	Polymerasekettenreaktion
PFA	Paraformaldehyd
PNK	Polynukleotidkinase
RT-PCR	Reverse Transkriptase - PCR
Rev	reverse / rückwärts
Rpm	Runden pro Minute
SDS	Sodiumdodecylsulfat
^{35}S-Met	^{35}Schwefel-markiertes Methionin
siRNA	*small interfering* (kleine, interferierende) RNA
TEMED	Tetramethylethylendiamin
TEV	Schnittstelle der viralen Protease des Tabakätzvirus
TK	Thymidinkinase
UTR	Untranslatierte Region einer mRNA
WT	Wildtyp
zz	zwei Z-Domänen des Zellwandproteins Protein A (*S.aureus)*

Curriculum Vitae

Name:	Katharina Paulsen
Geburtstag:	08. Mai 1980
Geburtsort:	Wolmirstedt, DDR
Nationalität:	deutsch

Ausbildung

1986 – 1992	Hoffmann-Grundschule, Berlin-Friedrichshain
1992 – 1996	Dathe-Gymnasium, Berlin-Friedrichshain
1996 – 1999	Otto-Nagel-Gymnasium, Berlin-Biesdorf Erhalt des Abiturs
1999 – 2000	Sozialpraktikum in der Estia Agios Nikolaos, Galaxidi, Griechenland (8 Monate) Behindertenbetreuung im Bodelschwingh-Haus, Wolmirstedt (4 Monate)
2000 – 2005	Humanbiologie-Studium an der Ernst-Moritz-Arndt Universität Greifswald, Erhalt des Diploms in Humanbiologie
Praktika in dieser Zeit:	
SS 2001	Sanofi-Synthelabo, Abteilung Klinische Forschung „Betreuung Klinischer Studien“
SS 2002	Institut für Anatomie, Humboldt-Universität Berlin, Prof. G. Ahnert-Hilger, „Neuronaler Monoamin-transporter VMAT1“
SS 2003	Vet.-Physiologisch-Chemisches Institut, Universität Leipzig, Prof. A. Einspanier, „Relaxin-Rezeptor LGR7 in humanem Abortgewebe“
WS 2004	Howard Florey Institute, University of Melbourne, Australien Dr. R. Bathgate, „ Funktion des Relaxin-Rezeptors LGR7“
2002 – 2004	Hilfswissenschaftliche Tätigkeit, Institut für Anatomie, Ernst-Moritz-Arndt Universität Greifswald Prof. J. Giebel, , „Annexine in Prostatakarzinomen“
2004 – 2005	Diplomarbeit, Institut für Anatomie und Institut für Medizinische Biochemie, Ernst-Moritz-Arndt Universität Greifwald, Prof. J. Giebel, „Untersuchung der Expression von Annexinen an Harnblasenkarzinomen und Harnblasenkarzinomzelllinien“
2005 – 2007	Beginn der Doktorarbeit, Zentrum für Molekulare Biologie Heidelberg, bei Prof. D. Görlich
2007 – 2010	Doktorarbeit im Rahmen des GGNB der Georg-August Universität Göttingen Zelluläre Logistik, MPI für biophysikalische Chemie, Göttingen bei Prof. D. Görlich